옮긴이 정서진

이화여자대학교 통번역대학원 한영번역과를 졸업하고 현재 전문번역가로
활동하고 있다. 옮긴 책으로는 《인류세》《식량의 제국》《스파이스》《미식
쇼쇼쇼》《티타임》《문명과 식량》《우리가 몰랐던 도시》 등이 있다.

식물의 방식
서로 기여하고 번영하는 삶에 관하여

초판 1쇄 발행	2022년 4월 25일
초판 2쇄 발행	2022년 7월 25일
지은이	베론다 L. 몽고메리
옮긴이	정서진
편집	김영미
펴낸곳	이상북스
펴낸이	송성호
출판등록	제313-2009-7호(2009년 1월 13일)
주소	서울시 마포구 망원로 19, 501호
전화번호	02-6082-2562
팩스	02-3144-2562
이메일	beditor@hanmail.net

ISBN 978-89-93690-55-2 (03470)

lessons
from
plants

식물의 방식

베론다 L. 몽고메리
정서진 옮김

이상
북스

LESSONS FROM PLANTS

by Beronda L. Montgomery

Copyright © 2021 by the President and Fellows of Harvard College
Published by arrangement with Harvard University Press.
All right reserved.
Korean translation copyright © 2022 by E-SANG BOOKS

사랑하는 아버지를 기리며

탄탄한 뿌리는 훌륭한 열매를 맺는다

서문

어린 시절 나는 식물학에 매혹될 만한 환경에서 자라지 않았다. 농장이나 숲 근처에서 살지는 않았지만 내 어머니는 식물을 키우는 데 탁월한 재능이 있었고, 그래서 우리 집에는 엄마의 세심한 시선 아래 보살핌을 받는 식물이 많았다.

식물은 우리 집 안과 밖, 주변 어디에나 있었다. 엄마의 정원은 동네에서 보석처럼 빛나는 곳이자 녹색의 오아시스, 대도시에 자리한 식물들의 편안한 서식처였다. 엄마가 그토록 멋진 꽃들과 건강하고 푸르른 식물을 키울 수 있었던 까닭은 사랑하는 식물과 긴밀하게 교감했기 때문이다. 엄마는 식물이 보내는 신호를 읽었고 거기에 응답했다. 시들어가는 식물은 물이 더 필요했고, 누렇게 잎이 변하는 식물은 비료가 필요했으며, 가장 가까운 창문에서 들어오는 빛을 향해 구부린 식물은 스스로 방향을 바꾸도록 화분을 돌려주어야 했다. 엄마의 화초 가꾸기는 일상의 일부였고, 내 유년 시절에 깊이 배어든 풍경이었다. 엄마는 자신이 돌보는 식물에 그저 "귀를 기울이면" 된다고 말하며 식물을 주의 깊게 지켜보았다. 식물이 필요로 하는 것을 알아차려 그것을 제공하면, 식물은 자라는 것으로, 그것도 잘 성장하는 것으로 응답했다. 나는 엄마와 식물 사이의 소통을 완전히 이해했다고 할 수는 없지만, 그 유익한 결과에 대해서는 알아챘다.

내게는 식물과 조우한 나만의 인상적인 기억이 몇몇 있다. 화창한 여름날 밖에서 쏘다니는 아이들이 식물과 맞닥뜨리는 경험과 별반 다를 바 없는 기억이다. 대개의 어린 시절 기억이 그렇듯 내 기억도 위험과 그리고 먹는 것과 주로 연관되어 있다. 형제자매와 함께 나섰던 긴 탐험에서 덩굴옻나무를 만나 조심스레 발을 떼던 기억. 7월의 나른한 여름날이면 살이 많고 달콤한 야생 블랙베리를 허겁지겁 따먹으며 산책하던 소중한 추억. 엄마가 정

성 들여 가꾼 인동덩굴에서 몰래 따온 꽃에서 모은 꿀은
달콤한 식물학적 발견이었다. 그때만 해도 그런 환경에
서 식물을 체험했던 즐거운 날들이 결국 성취감과 의미
를 얻을 수 있는 식물 연구자라는 직업으로 이어질지 전
혀 몰랐다.

　그에 반해 과학과 수학에 대한 타고난 적성과 흥미는
내 삶에서 꽤 일찍부터 뚜렷하게 드러났다. 가족 중 몇몇
은 정량적이고 과학적인 주제에 관한 내 집착을 유별나
다고 생각했지만, 나는 논리 퍼즐이나 가정용 과학실험
같은 '내게 재미있는' 활동들을 곧잘 찾아냈다. 그 실험
중 일부가 예측에서 벗어났지만 절대 체념하지 않았고…
지역 소방서가 출동하는 불상사가 일어났을 수도, 아닐
수도 있다! 내 관심사는 중학교 때 수학과 과학 과목의 상
급반에 들어갈 기회를 얻으면서 제대로 길러졌다. 부모
님은 이 새로운 과학자가 느닷없이 어디서 튀어나왔는지
의아해하면서도 늘 지원을 아끼지 않았다. 온종일 일하
고 나서도 나를 차에 태워 지역 대학의 수학 강의에 데려
다주셨고, 성실히 공공 도서관으로 데려가 내가 조사하
고 자료를 수집할 수 있도록 도와주셨다. 내 머리와 마음
이 직업적인 과학자처럼 기능하기 시작하던 시기에 나는

대학에서 내 여정의 출발점이 된 식물생리학 강좌를 수강했고, 덕분에 내 관심은 식물과학으로 온전히 방향을 틀었다. 식물의 삶을 다루는 경이로운 과학에 처음 눈을 뜬 것도 바로 그 강의를 통해서였다.

생물학 연구원으로서 과학계에 진입했을 때, 나는 연구과학의 여러 표준적인 규범을 경험할 준비가 되어 있었다. 나는 가설을 세우고 의문점을 살펴보고 세심하게 관찰하는 방식으로 그 가설을 시험할 것이라고 예상했다. 앞서 나가는 연구를 수행하고 감독하고, 미래 과학자들을 지도하며, 어쩌면 그 과정에서 언젠가는 흥미롭고 새로운 (바라건대) 세상이 돌아가는 방식에 관해 우리가 알고 있는 지식에 이바지하게 되리라 기대했다. 그러나 생물 유기체, 특히 식물에 대한 조직적이고 체계적인 관찰을 통해 얻은 변화무쌍한 성장과 지식은 내가 예상하지 못했던 부분이었다.

식물생리학 강의를 들은 뒤 나는 처음으로 공식적인 식물생물학 실험을 시작했다. 일부 참나무 종을 비롯해 몇몇 나무의 잎들이 봄철에 일시적으로 밝은 붉은색을 띠는 현상을 분석했다. 생장 후 첫 몇 주가 지나면 붉은색을 띠는 안토시아닌 색소는 묻히고 광합성을 촉진하는

색소인 엽록소가 축적되어 잎들은 특유의 녹색을 띠게
된다. 나는 이러한 적색 색소가 축적되는 목적을 이해하
기 위해 환경생리학(환경과 식물의 생리 간 상호작용에 관한 학
문) 분야의 실험들을 수행했다. 잎이 성숙해질 때까지 자
외선을 차단하는 색소의 역할을 밝혀낸 이 연구가 계기
가 되어 나는 수십 년간 환경적인 빛 신호에 반응하는 식
물들에게 매료되어 살았다.

　식물에 매료당한 나는 계속 연구를 병행하며 이 매력
적인 유기체에 대해 가르칠 수 있는 교수라는 직업을 선
택했다. 그리고 강의실과 실험실에서 멘토링과 리더십
이 어떤 일을 이루는 데 있어 얼마나 중요한지 배웠다.
하지만 학자로서 경력을 쌓는 동안 이 두 가지 중 어느 것
도 정식으로 배우지 못했고, 나는 과학 분야에서 멘토이
자 리더로서 내 능력을 향상시켜 줄 자원과 기회뿐 아니
라 이러한 능력을 키우고자 하는 내가 속한 공동체의 다
른 구성원들과 통찰력을 나눌 수단을 찾기 시작했다. 이
과정의 주요 목적은 내 목표들과 나 자신의 인간성을 존
중하고 내가 함께하는 사람들의 인간성을 지지하고 귀하
게 여기면서도 내 공간과 인생, 기회를 충분히 살리는 것
이었다. 효과적 멘토링과 리더십을 위한 구조를 연구하

고 키워오면서 발전시킨 학술적인 작업은 학문적·과학
적 체계와 그 체계의 기능(또는 기능 불량)과 관련한 나의
세심한 관찰에서 비롯되었다. 이러한 체계들을 연구하다
보니 자연 생태계의 기능에 이바지하는 것으로 인식되는
몇몇 생물학적 원칙들이 효과적이고 공평한 멘토링과 리
더십을 실천하는 데 큰 가르침을 전해준다는 것이 분명
해졌다.

　　우리는 인간을 부양하는 데 필수적인 식물의 역할에
대해 많은 사실을 알고 있다. 일례로 식물이 어떤 식으로
인간의 생명을 유지하는 산소를 배출하고 채소와 견과
류, 과일 등의 형태로 영양분을 공급하는지 알고 있다. 하
지만 이는 식물이 대체로 인간과 관련 없이 독자적으로
행하는 일이라는 사실에 나는 가장 매료된다.
　　식물은 지구상에서 서식하기 불가능할 것 같은 수많
은 곳에 존재하며 번성한다. 바다에 솟은 바위에서 자라
는 나무, 미시간의 혹독한 겨울을 나고 다시 돋아나는 새
싹들, 그리고 아무리 생각해도 절대 뚫고 나올 수 없을 것
같은 아스팔트 진입로 틈새로 싹튼 풀들. 식물은 강력하
고 복잡하며 역동적인 삶을 살면서 우리에게 귀중한 가

르침을 준다. 앞으로 살펴보겠지만 식물은 다양한 환경
에서 생존하고 번성하며, 공생관계를 형성하고, 다른 유
기체와 협력하고 소통하면서 자신이 속한 공동체인 군
락에 기여한다.

　나는 식물을 연구하면서 이 세상에 어떻게 '존재해야'
하는지에 대해 많은 것을 배웠다. 나는 이 책을 통해 독자
들에게 그와 유사한 여정을 선사하고자 한다. 식물의 개
별적이고 집단적인 전략과 행동이 어떻게 적응에 능숙하
면서 생산적인 삶으로 이어지는지, 그리고 우리가 어떻
게 식물에게 배울 수 있을지 전하고자 한다. 식물에 대한
이해와 교감을 통해 우리는 인간으로서 우리 자신과 우
리 주변의 다른 생물을 더 잘 지탱할 수 있다.

차례

인간은 어떻게 살아야 하는지에 관한 경험이 가장 적기 때문에 배울게 가장 많다. 우리는 다른 종들 가운데 우리의 스승을 찾아 가르침을 구해야 한다. 그들의 지혜는 살아가는 방식에서 뚜렷하게 드러난다. 그들은 직접 본보기가 되어 우리를 가르친다.

_로빈 월 키머러, 《향모를 땋으며》(에이도스, 2021).

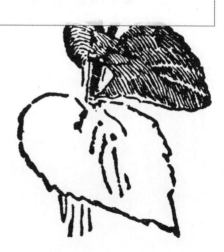

서론

식물이 살아남아 번성하는 방식

자신의 존재 전체를 변화하는 환경, 때로는 혹독한 환경에 맞춰 살아야만 하는 삶을 상상해 보라. 벗어날 가능성이 전혀 없는 삶. 이것이 식물의 삶이다. 인간인 우리는 이런 생활 양식을 이해하기 어렵다. 우리에게는 너무 덥거나(발한) 너무 추울 때(떨림)와 같은 조금 불편한 상황을 처리하는 생리적 메커니즘이 있어서 일시적인 곤경에 처해도 보통은 그곳에 머무른다. 하지만 그런 상황이 지속되거나 더욱 극심해지면 우리는 바라건대 더 나을 거라 생각되는 다른 곳으로 삶의 터전을 옮기는 선택을 할 수 있다.

식물에게는 그런 선택권이 없다.

식물은 전 생활환life cycle에 걸쳐 움직일 수 없으므로 역동적인 환경에서 생존하고 번성하려면, 주변에서 일어나는 일을 감지하는 예리한 감각과 적절한 대응 능력을 갖추고 있어야 한다. 삶이 시작되는 처음 그 순간부터 환경을 감지하는 것은 매우 중요하다. 어디에 씨앗이 떨어져 발아하는가에 따라 그 결과로 생장한 식물이 평생 보내게 될 주변 환경이 결정되는 것이다.

발아는 종자식물의 생활환에서 첫 단계다. 씨앗에서 유묘seedling(종자가 알맞은 환경 조건을 만나 발아한 지 얼마 안된 어린 식물—옮긴이)가 싹 트면 식물은 성체기로 성장한다. 영양 생장기가 지나고 생식 생장기에 들어서며 식물은 개화한다. 그다음, 개화기에서 종자를 만드는 단계에 진입한다. 성숙한 종자가 방출된 후, 나이 들어가는 식물이 노쇠기에 접어들면 꽃잎과 나뭇잎은 떨어질 것이다. 어떤 종의 개체는 번식 후 죽지만, 다른 종의 개체는 반복적인 생식 주기를 갖는다.[1]

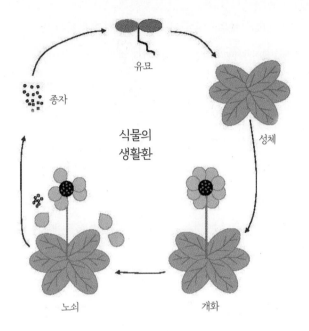

종자식물은 종자가 발아하면서 생명을 시작해 유묘가 된다. 식물은 성체기로 성장하고, 개화기에 들어서며 두 번째 변화 과정을 겪는다. 그런 다음 개화기에서 종자를 만드는 단계에 이른다. 성숙한 종자가 방출되면, 나이 들어가는 식물은 노쇠기에 접어들어 꽃잎과 잎이 떨어질 것이다.

식물은 우리 주위 어디에나 있지만, 우리 중 대다수는 끊임없이 변화하는 환경을 예측하고 거기에 방어하며 환경에 적응하는 식물의 절묘한 능력에 관해서는 거의 이해하지 못한다. 이렇게 식물과 함께 살아가는 생태

계에서 식물의 역할을 제대로 인식하지 못하는 것을 '식
맹'plant blindness이라고 부르기도 한다.[2] 그런데 이 용어는
장애에 대한 비유를 사용했다는 이유로 논란에 휩싸였
다. 즉, 눈이 먼 상태를 결함으로 보는 사고가 반영되어 있
다.[3] 이 용어 대신 식물을 간과하는 경향을 '식물 편견'plant
bias이라고 칭할 수 있다. 실제로 실험적 연구와 조사는
인간이 식물보다 동물을 더 선호하고 주목하며 기억할
가능성이 크다는 것을 보여주었다.[4] 주변 식물에 대한 인
식과 이해가 깊어지도록 유도하는, 이와 짝을 이루는 용
어도 필요하다. 일각에서는 '식물 식별력'이라고 말하지
만, 나는 '식물 인식'plant awareness이란 용어를 선호한다.[5]
식물에 대한 편견은 줄이고 인식을 높이는 일은 식물뿐
만 아니라 인간, 즉 우리의 육체적·정신적·지적 건강을
위해서도 중요하다.

  이 책의 목적은 식물에 대한 인식을 높이되 잠재적 편
견은 완화하고, 식물의 지혜와 식물이 우리에게 가르쳐
줄 수 있는 것을 소개하는 것이다.

  앞으로 살펴볼 주제 중 하나는 식물이 어떻게 환경을
감지하고 그에 대응하는가다. 당신이 주위 식물에 관심

을 기울이면, 많은 사례를 접하게 될 것이다. 일례로 창가의 빛을 향해 뻗어나가는 실내 화초를 본 적이 있을 것이다. 이러한 식물은 활발한 적응 행동, 즉 빛을 감지해 찾아내는 행동을 보여준다. 식물은 광합성 과정에서 (당분의 형태로) 양분을 만들기 위해 빛을 이용하기 때문에 빛을 얻고자 구부러진다.[6]

또 다른 예는 가을에 단풍나무가 잎을 떨어뜨리는 것이다. 이는 계절에 따라 에너지를 절약하는 행동이다. 나무로서는 겨울 동안 잎을 유지하려면 높은 비용을 들여야 한다. 잎을 떨어뜨리면 나무는 예전보다 여유 있게 물질대사 상태를 유지할 수 있다. 잎들이 떨어지기 전 나타나는 화려하고 강렬한 색조의 단풍(녹색 색소인 엽록소가 분해된 결과)은 식물이 환경적 신호에 대응하는 일종의 복잡한 행동을 보여주는 사례다.[7]

가을에 잎이 떨어지는 현상은 한 가지 중요한 측면에서 실내 화초가 빛 쪽으로 구부러지는 현상과 다르다. 모든 식물 종은 고유한 잎 모양이나 낙엽수와 상록수의 생활환처럼 유전된 적응 형태를 보여주는데, 이는 시간이 흐르면서 진화하여 한 세대에서 다음 세대로 전해져 유전적으로 고정된 결과다. 하지만 식물은 유전적으로 고정되지 않는 환경 적응 형태를 보이기도 한다. 더 정확히 말하면, 어떤 적응은 단일 세대 또는 개체의 일생에서만 나타날 뿐 일반적으로 유전되지 않는다. 이렇게 환경적으로 결정되는 변화는 어떤 유전자가 발현되거나 혹은 활발하게 사용되는가에 따라 일어난다. 변화하는 환경적 신호에 기반해 나타나는 잎의 크기, 두께, 색, 방향 또는 줄기의 길이나 두께 같은 식물의 표현형(관찰 가능한 특성)이 이에 해당한다. 빛이나 양분 유효도 같은 역동적인 환경 조건에 대응하여 형태나 기능이 변화하는 이러한 식물의 능력은 표현형 가소성phenotypic plasticity으로 알려져 있다.[8]

　식물은 환경 조건 외에도 다른 것들을 감지하고 반응한다. 식물은 자신을 둘러싼 다른 식물과 유기체들로 관심을 확장한다. 우리는 식물을 '참견하기 좋아하는 이웃'으로 부를 만하다. 식물은 주변 환경을 감지해 자신이 '어디에' 있는지, 그리고 '누가' 주변에 있는지 안다. 그러한 인식은 식물이 협력할지 아니면 경쟁할지 결정하는 데 도움이 된다. 햇빛을 이용하기 위해 이웃 식물과 경쟁하는 것이 타당한 경우에 한해 식물은 경쟁할 것이다. 이웃 식물이 이미 훨씬 더 키가 크고 경쟁을 해봐야 소용이 없을 것 같으면, 경쟁을 피할 것이다. 곧 살펴보겠지만, 어떤 경우에는 실제로 햇빛에 접근하기 위해 협력할 수도 있다. 또 식물은 이웃의 행동 반응을 감지해 환경 신호와 변화에 대한 인식을 확장할 수 있다. 그리고 때로는 이웃 식물이 친척인지 아닌지에 따라 행동을 변화시킨다.

식물은 내부와 외부의 신호를 수신해 반응하면서 생태계의 다양성을 인식하는 것처럼 보인다. 즉, 그들 주변에 있는 이웃 개체들의 분포 구역과 이 이웃들이 환경 신호에 보이는 반응을 감지할 수 있다. 식물은 외부 변화를 주시하고 역동적 조건들에 대한 반응을 조정하기 위해 내부의 소통경로를 가동한다.[9] 그들이 반응하는 신호는 기온에 대한 정보나 빛, 물, 영양분의 이용 가능성 같은 비생물적, 즉 무생물과 관련된 신호다. 다른 생물에서 비롯되는 생물적 신호도 식물이 포식이나 초식 또는 세균이나 바이러스성 감염에 대한 방어를 강화하도록 하는 강력한 신호로 작용한다. 어떤 식물은 곤충의 공격을 받으면, 공격하는 곤충의 소화 작용을 억제하는 화합물을 만들어내 피해가 더 커지지 않게 제한한다.[10]

심지어 식물은 일종의 기억력을 지니고 있을 수 있다. 몇몇 사례에서 이는 후성유전학적 변화에 영향을 받는다. 후성유전학적 변화는 유전자가 표현되거나 활성화 되는 방식을 변화시키지만 유전암호 자체를 변화시키지 는 않는다. 환경의 자극으로 인해 일종의 분자 '깃발'(줄기 세포의 표면에 존재하는 단백질 세트)은 유전자가 단백질 생 산에 이용될 것인지 아닌지 조절할 수 있다. 그리하여 단 백질 조절의 변화는 식물의 표현형을 변화시킨다. 이러 한 후성유전학적 변화는 다음 세대에 전해지기도 한다. 식물의 세대를 망라하는 후성유전학적 제어에서 환경의 최종 메커니즘과 구체적인 역할에 관해서는 여전히 연구 중이다.[11]

식물의 기억력과 관련해 가장 잘 알려진 예는 춘화현 상이다. 어떤 식물은 오랜 저온 기간에 노출되고 나서야 꽃을 피우는데, 이를 춘화라고 한다. 겨울의 추위는 식물 이 봄에 꽃을 피워야 한다는 신호로 '기억'된다. 해바라기 와 아욱과에 속하는 라바테라 같은, 태양을 추적하는 식 물도 동이 트기 전에 해가 뜨는 쪽으로 향하는 기억력을 발휘한다.[12]

식물은 자신이 생장하는 환경을 최대한 활용하기 위 해 적응 행동을 보이고 에너지 예산을 세우는 동시에 내 부와 외부의 신호를 사용한다. 광합성에는 빛과 무기 탄소(이산화탄소 형태)와 물이 필요하며, 식물 또한 인과 질소 같은 영양소가 필요하다. 따라서 식물이 이러한 자원의 이용 가능성에 아주 민감하고 에너지 예산을 신중하게 관리하는 것은 놀라운 일이 아니다. 식물은 양분을 만들기 위해 햇빛을 얻는 데 필요한 잎을 자라게 하고자 에너지를 할당한다. 그런 다음 모아놓은 빛 에너지를 이산화탄소와 물을 이용해 화학 에너지(당분)로 변환한다. 그와 동시에 비생산적인 에너지 사용을 제한한다. 일례로 빛을 얻기 좋은 조건에서 식물은 잎을 만드는 데 에너지를 쏟으면서 줄기를 키우는 데는 에너지를 사용하지 않는다.

식물은 또 영양분이 제한적일 때 미세하게 조정된 적응 반응을 보인다. 정원사들은 노랗게 변한 잎을 영양분 결핍과 비료가 필요한 신호로 인식할지 모른다. 그러나 식물에 무기물을 보충해줄 관리인이 없다면, 식물은 더 먼 토양에서 양분을 흡수하기 위해 뿌리를 증식하거나 길게 자라게 하고 뿌리털을 발달시킬 수 있다. 그리고 기억력을 활용해 이용 가능한 영양소나 자원의 시공간적 변이 내력에 대응할 수 있다.[13] 이 분야의 연구는 공간과 시간이라는 측면에서 식물이 끊임없이 환경 속 자신의

위치를 자각하고 있음을 보여주었다. 과거에 양분 유효
도에서 변동을 겪은 식물은 위험을 감수하는 행동을 보
여주는 경향이 있는데, 일례로 잎을 만드는 대신 뿌리를
길게 자라게 하는 데 에너지를 쓴다. 이와 대조적으로 과
거에 영양분이 풍부했던 식물은 위험을 회피하면서 에너
지를 보존한다. 모든 발달 단계에서 식물은 소중한 에너
지가 손상되거나 비생산적으로 소모되는 것을 제한하면
서 자신의 생장과 생존, 번식에 에너지를 사용할 수 있도
록 환경의 변동이나 변덕스러움에 대응한다.[14]

전체적으로 보면, 이러한 유형의 반응들은 식물이 배
우고 기억할 수 있음을 시사한다. 우리가 학습을 능동적
인 기억에 기반한 행동의 변화로 이해하고, 기억을 이전
경험들에 대한 세포 간 의사소통이라고 이해한다면 말이
다.[15]

식물이 일종의 인식 능력과 기억력을 보이기 때문에,
혹자는 식물이 자신은 '누구'이며 '무엇'인지 알고 있다고
생각할 수 있다. 식물은 자신에 대한 이러한 인식에서부
터 **존재**하는 데로 나아간다. 그리고 바로 이 존재하는 과
정에서 식물은 환경의 양상을 파악하고 반응하며 **그리고**

영향을 미친다. 다시 말해 식물은 생존에 최선의 노력을 다하는 동시에 그들이 존재하는 특정한 환경을 기반으로 성공적인 생존 가능성을 충분히 평가한다.

따라서 잘 알지 못하는 사람의 눈에는 식물이 그저 '그 자리에 머물러 있는' 것처럼 보이겠지만, 식물은 발달의 매우 초기 단계부터 노쇠기나 죽음에 이를 때까지 인식 능력과 지능적인 행동을 보여준다. 그들은 주변에 무슨 일이 일어나고 있는지 감지하고, 생산성과 생존 가능성을 극대화하기 위해 자신의 생장과 발달을 환경 신호에 맞추는 특별한 능력을 개발했다. 철학자 마이클 마더 Michael Marder는 이렇게 식물이 끊임없이 주변 환경을 탐험하고 주시하므로, 식물을 움직이지 못하고 수동적이라고 치부해서는 안 된다고 주장한다. 그에 따르면, 식물이 점유한 장소는 "환경에 대한 식물의 살아 있는 해석과 환경과의 상호작용을 통해 역동적으로 드러난다."[16]

식물에게 인식 능력이 있든 지능이 있든 간에 각각의 개념 뒤에는 식물의 행동에 관한 전반적인 이해가 자리잡고 있다. 식물이 수동적으로 존재하거나 자라고 있는 것이 아니라 '행동한다'는 생각은 최근 들어서야 생물학자들 사이에서 더 널리 받아들여졌다. 식물의 행동은 주

로 생장하는 방식으로 드러난다. 식물은 각기 다른 속도
로 혹은 특정한 방향으로 자란다. 식물은 천천히 자라기
때문에, 식물의 활동은 우리가 동물의 경우 '행동'이라고
말하는 종류의 움직임과는 다른 시간의 척도로 일어난
다.

식물의 행동이라는 개념을 받아들이기 힘든 또 다른
걸림돌은, 식물에는 없는 중추신경계를 가진 유기체만이
행동할 수 있다는 오랜 믿음에서 비롯되었다. 그러나 과
학자들은 행동을 더 넓은 의미로 이해하기 시작했다. 외
부와 내부 환경에 대한 정보를 수집하고 통합한 다음, 그
정보를 사용해 내부 신호나 소통 경로(동물의 신경망 및 식
물 같은 유기체의 신호전달 경로)를 변경함으로써 생장 또는
영양소와 다른 자원의 할당에 변화를 초래하는 능력을
행동이라고 더 넓게 정의한 것이다. 이런 이해를 바탕으
로 식물이 '행동할 수 있다'는 생각이 더 널리 받아들여졌
다.

식물이 행동을 보인다고 인정하면, 이는 식물이 '선
택'하고, '결정'을 내리고, '의도'를 지닐 수 있다는 의미일
까? 대부분의 식물과학자들은 여러 신호를 구별하고, 다
른 신호를 제치고 어떤 한 신호에 기반해 선택적으로 행

동을 바꾸는 능력이 의사 결정의 증거라는 데 동의한다. 마이클 마더는 동물의 의도와는 다르지만 식물도 의도를 지녔다고 주장한다. "동물이 뭔가를 의도할 때는 근육을 움직임으로써 지향성을 표출하지만, 식물이 뭔가를 의도할 때 의도성은 모듈형 생장modular growth(새로운 모듈을 추가로 만들어내 연속적인 연결을 통해 생장하는 방식—옮긴이)과 표현형 가소성으로 표현된다. 식물과 동물의 행동이란 각각의 의도성을 가진 행위에 설정된 목표를 성취하는 것이다."[17]

다음 질문인, 이러한 능력들이 식물에게 지능이나 의식이 있음을 증명하는지는 열렬한 지지자들과 어쩌면 더 큰 집단인 비방자들을 끌어모으는 주제다. 그리고 다른 이들은 이 문제에 대해 여전히 불가지론적 태도를 보이며, 연구하고 경외할 가치가 있다고 여겨지기 위해 식물이 의식이나 지능까지 갖출 필요는 없다고 말한다.[18] 식물에 인식 능력(주변에서 일어나는 일을 감지하고 그에 따라 반응하는 능력)과 의식(특정 반응에 관한 결정을 능동적으로 지각하고 숙고해 의미를 부여하는 능력)이 있는지 없는지와 상관없이, 식물의 복잡성과 환경 자극을 감지하고 통합해 반응하는 식물의 능력은 점차 받아들여지는 추세다. 이에

더해 식물을 지능적이라고 보는 견해에 여전히 논란이
분분하고 일각에서는 반대하기도 하지만, 식물과 고도로
발달한 두뇌가 없는 개미와 벌 같은 다른 유기체도 개체
로서 또는 군집을 이뤄 역동적 환경에 반응하는 지능적
인 행동을 보인다는 데 점차 의견이 일치하고 있다.

　　식물이 융통성 있게 선택(성공적인 생존과 존속 가능성을
높이는 행동)을 한다는 증거는 깊이 숙고할 가치가 있으며
우리에게 귀중한 가르침을 준다. 모든 생물 유기체와 마
찬가지로 식물은 분명히 이로운 선택을 하지만, 해롭다
고 할 만한 행동을 시작할 수도 있다. 그 이유는 식물 자체
의 적응성이 떨어져서거나 혹은 다른 개체에 해롭기 때
문이다. 몇몇 예외를 제외하면, 식물이 하는 선택은 보통
생존과 번식에 도움이 된다고 생물학자들은 믿는다. 진
화의 시간을 거쳐 더 나은 선택을 하는 식물이 잘못된 선
택을 하는 식물보다 더 많은 자손을 두기 때문이다. 하지
만 때로는 한 종에게 좋은 선택이 다른 종에게는 좋지 못
한 선택이 된다. 일례로 어떤 식물은 화학물질을 배출하
거나 생태계 전체를 장악해 이웃 식물에게 해를 끼칠 수
있다. 후자의 전략은 종종 침입종으로 취급받는데, 일례

로 칡은 미국 남동부의 중요한 생태 문제다. 칡이 토착 식물을 대체하고 현지 곤충과 동물에게 영향을 미쳤기 때문이다.[19]

때때로 해를 끼치기도 하지만 식물의 행동은 대개 자신의 번영과 자신이 살아가는 공동체의 번영에 이바지하기 위해 애쓴다. 앞으로 읽게 될 장에서 그러한 여러 가지 행동을 살펴볼 것이다. 우리는 식물이 자신의 환경에서 어떻게 살아가는지 관찰하면서 많은 것을 배울 수 있다. 특히 식물에 관한 지식(이 유기체로부터 얻는 존재에 관한 가르침들)은 당신이 누구인지, 어디에 있는지, 무엇을 해야 하는지 아는 능력을 바탕으로 당신이 활짝 꽃을 피울 수도 혹은 시들 수도 있음을 보여준다. 그런 다음 이러한 '자기감'sense of self에서 당신 주변으로, 그리고 목적을 추구하기까지 계속 앞으로 나아가는 방법을 찾아야 한다. 당신이 곤궁하거나 상황과 타협해야 하거나 당신 안에 내재화 혹은 암호화되거나 변화된 목적에서 돌연 변해야 하는 상황이라면, 이는 어려운 과제일 수 있다. 곤경에 처한 식물은 스트레스에서 회복해 다시 성장할 기회를 가질 몇 가지 수단을 갖고 있다. 그리고 식물이 보내는 고통의 징후를 인식하는 능력이 있는 사람이 식물을 보살핀다면, 식물은 필요한 도움을 받을 수 있다.

식물이 참여하는 모든 활동(빛을 포착하는 정교한 시스템을 작동하고, 영양분을 찾고, 자신의 공동체 내에서 다른 개체에게 위험하다는 경고를 전달하는 활동)은 식물이 자신의 환경을 감지하고 그 환경에 적응하는 방식이다. 이것이 식물이 살아남아 번성하는 방식이다. 그리고 이런 활동은 언제나 우리 바로 앞에서 일어나고 있다.

인간으로서 우리는 먼저 주의를 기울여야 한다. 식물이 어떻게 자기 스스로뿐 아니라 그들과 함께 살아가는 다른 유기체를 부양하는지, 그리고 어떻게 환경을 변화시키는지 완전하게 알기 위해서는 단시간에 관찰되는 현상의 이면을 보아야 한다. 그렇게 주의 깊고 철저하게 관찰한 후 목적과 힘, 의도를 가지고 사는 방법에 관해 식물에게 제대로 된 질문을 던져야 한다. 그리고 우리는 식물의 행동 중 일부를 직접 시도해 볼 수 있을 것이다. 식물의 가르침은 우리가 배워야 하는 것들이다.

식물이 온갖 종류의 반응성을 가졌다는 것은 의심의 여지가 없다. 식물은 환경에 다양하게 반응한다. 그들은 우리가 생각할 수 있는 거의 모든 것을 할 수 있다.

_이블린 폭스 켈러, 《생명의 느낌》(2001, 양문)에서 인용한 바버라 매클린 톡의 말.

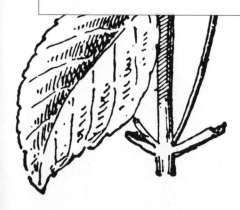

환경에 맞추어 자신을
조율하고 조절하기

유치원에서 처음 경험한 과학실험이 생생하게 기억난다. 나는 콩 모종이 자라는 단순한 과정을 관찰하며 환경에 적응하는 식물의 놀라운 능력에 대해 배웠고, 그로부터 수십 년이 지난 지금도 그러한 식물의 능력에 경외심을 느낀다. 실험을 이끌어준 이는 유치원 선생님이었다. 선생님은 우리에게 각자 집의 창문턱에 콩 모종을 키우게 했다. 우리는 플라스틱 컵 바닥에 젖은 솜뭉치나 흙을 깔고 콩 몇 개를 넣은 뒤 매일 관찰해야 했다. 어느 날 내 콩들을 들여다보다 흥미로운 사실을 발견했다. 콩 하나에 금이 생겼고, 그 틈새에서 아주 작은 뿌리가 나오고 있었다. 그 후로 며칠간 콩의 반대쪽 끝에서 줄기가 나오기 시작했고 작은 잎사귀들이 펼쳐졌다. 콩 모종은 창가의 해를 향해 줄기를 뻗으며 계속 자랐다.

몇 주 후 선생님은 우리 모두에게 모종을 가져와서 발표하는 시간을 갖자고 했다. 나는 우리의 모종들이 다 다른 것을 보고서 놀랐다. 어떤 모종은 키가 작고 줄기가 튼튼한 반면 다른 모종은 키가 크고 가늘었다. 선생님은 창문으로 들어오는 빛의 양 때문에 그런 차이가 생긴 것이라고 설명해 주셨다. 창턱이 그늘져 있다면, 모종은 빛에 닿기 위해 크게 자랄 터였다. 이때가 내가 처음으로 식물의 본질적 특성(식물은 빛의 양뿐 아니라 모든 환경 조건에 정교하게 적응한다는 사실)을 접한 순간이다.

식물은 빛과 물의 이용 가능성, 습도, 토양에 존재하는 영양분의 풍부한 정도를 알고 있다. 식물은 주변 환경을 살피면서 이러한 인자들의 변화를 감지하고, 어떤 반응을 해야 할지 가늠한다. 식물은 수집한 정보를 기반으로 주변 환경의 변화에 반응하여 자신의 행동, 형태, 생리를 바꿀 수 있다.

우리는 콩 모종도 다른 녹색 식물처럼 양분을 만들기

위해 광합성 과정에서 빛을 이용한다는 사실을 알고 있다. 하지만 변하기 쉬운 빛 조건에서 식물이 어떻게 반응하는지에 관한 흥미로운 세부 사항을 아는 사람은 거의 없다. 빛은 식물 생활환의 가장 초기부터 식물에게 영향을 미친다. 어떤 씨앗들은 땅속에 있는 동안 빛에 자극을 받아 싹을 틔운다.[1] 뿌리는 중력을 따라 아래로 자라지만 새싹은 빛을 향해 위로 자란다. 처음으로 나오는 잎을 떡잎 또는 자엽이라고 한다. 떡잎은 빛 에너지를 '포착하는' 클로로필chlorophyll이라고 불리는 색소, 즉 엽록소 분자를 축적한다. 콩 모종 잎이 사람의 눈에 녹색으로 보이는 이유는 엽록소가 적색광과 청색광을 흡수하고 가시 스펙트럼의 녹색 부분은 투과시키거나 반사하기 때문이다. 우리 눈에 있는 광수용체는 빛을 모으는 광합성 색소들이 사용하지 않는 파장을 인지한다.

모종이 계속 자라고 성숙해짐에 따라 잎들은 광자(전자기 에너지 양자)를 모으기 위해 태양을 향해 뻗는다. 잎 속의 엽록소 분자는 빛 에너지를 화학 에너지로 전환한다. 그리고 그 에너지는 이산화탄소를 탄수화물로 환원시키는 데 사용된다. 식물은 이러한 광합성 과정(햇빛을 확보해 이산화탄소 형태인 무기 탄소를 고정하여 당 형태인 유기물의 탄소로 전환하는 과정)을 통해 자신의 양분을 만든다.

콩 모종의 새잎들은 수동적으로 빛을 받기만 하지 않
는다. 빛을 얼마나 많이 받는지에 따라 잎은 빛의 양을 조
절한다. 그런데 어떻게 빛을 측정할까? 과학자들은 식물
이 단위 시간당 잎의 단위 표면적이 흡수하는 광자의 수
를 감지할 수 있다는 사실을 발견했다. 잎의 표면에 부딪
히는 광자의 비율은 광합성 반응 속도를 제어하기 때문
에 식물의 여러 과정에 영향을 미친다. 광자가 많을수록
전자가 더 활발해져 반응 속도는 더 빨라진다.

광자 밀도를 산출하는 데 핵심이 되는 엽록소 분자는
'안테나'antennae라고 불리는, 빛을 흡수하는 복잡한 시스
템에 들어 있는데, 이 안테나 시스템에서 빛 에너지를 끌
어모아 화학 반응이 일어나는 '반응 센터'로 보낸다. 식물
이 에너지를 모으고 전환하여 이용하는 효율은 어느 태
양광 전지와 견줘도 손색이 없다. 하지만 뜰에서 자라는
콩과 식물은 어떤 태양광 전지도 현재로서는 하지 못하
는 일을 할 수 있다. 바로 빛이 밝은지 흐릿한지 또는 여러
색의 빛 중 우세한 빛의 변화 같은 역동적인 외부 신호에
반응해 빛을 모으는 구조를 조정하는 것이다.[2]

내 연구실과 다른 연구실이 함께 식물과 시아노박테

리아(광합성을 하는 박테리아)를 대상으로 한 실험을 진행
했다. 그 결과 이들에게 다양한 빛 조건에 적응하기 위한,
집광 시스템light-harvesting system을 조절하는 놀라운 능
력이 있다는 것이 밝혀졌다. 빛이 너무 희미하면 광합성
정도가 너무 낮아 유기체가 필요로 하는 에너지를 제공
할 수 없다. 하지만 빛에 과도하게 노출돼도 해롭긴 마찬
가지다. 이용 가능한 빛의 양이 흡수 용량을 초과하면, 과
도한 에너지가 독성 부산물을 만들 수 있기 때문이다. 식
물이 원하는 것은 빛의 흡수를 극대화하는 동시에 그로
인한 피해를 제한하는 것이다. 식물은 빛을 확보하는 시
스템을 외부의 빛 조건에 따라 '조정하여' 이러한 목적을
달성한다.

　식물과 광합성 박테리아는 여러 가지 방식으로 자신
의 안테나들을 조정한다. 그들은 안테나에 포함된 특정
한 빛을 모으는 단백질과 이용 가능한 빛의 파장을 일치
시킬 수 있다. 또 빛을 모으는 집광 복합체의 크기도 조정
할 수 있다. 이러한 복합체는 빛이 약한 조건에서는 빛 흡
수를 증가시키기 위해 더 커지고, 빛이 강한 조건에서는
잠재적 손상을 제한하기 위해 더 작아진다. 과도하지 않
게 딱 적당한 빛 에너지를 확보하는 것은 복잡한 균형을

이뤄야 하는 일이다. 식물은 집광 시스템의 이런 복잡한 조절을 통해 에너지 생산을 최대화해 필수 활동을 지원한다.

새롭게 싹을 틔운 모종은 세포 내에서 이러한 조정을 하면서 동시에 빛 흡수를 극대화하는 노력을 통해 줄기와 잎의 생장을 조절한다. 나와 내 유치원 친구들이 수업 시간에 가져온 콩 모종의 키가 달랐던 까닭은 모종의 조직과 기관이 이용 가능한 빛을 바탕으로 서로 조율하며 소통한 결과였다. 줄기의 위치는 잎의 위치를 결정짓기 때문에 매우 중요하며, 화학 에너지와 당분을 생산하는 데 필요한 빛을 흡수하는 부분이 바로 이 잎들이다. 식물은 잎이 적절한 빛을 받기에 유리한 위치에 있다고 감지하면, 줄기에 화학적으로 '멈춤' 신호를 보내 더 이상의 신장을 억제한다. 탈황화deetiolation 현상으로 알려진 이 과정으로 인해 식물의 줄기는 짧고 잎은 잘 발달한다. 그러나 열악한 빛 조건으로 인해 잎들이 충분한 에너지를 확보할 수 없으면, 잎은 빛을 더 받기 위해 줄기에게 길게 자라라는 '계속' 신호를 보낸다. 황화etiolation라는 이 과정을 통해 모종의 줄기는 길어지고 잎은 적게 나온다.[3]

줄기와 잎 사이의 이런 통합된 반응은 변화하는 환경

신호에 대응해 식물의 기관들이 어떻게 서로 소통하는지
잘 보여준다. 식물과학자들은 감광 수용체를 비롯해 신
호를 감지하는 센서들이 이런 종류의 상호작용을 조절하
고 있음을 점점 더 잘 알아가고 있다.[4] 일례로 내 연구팀
의 연구는 탈황화 현상을 조정하기 위해 잎과 줄기 간의
소통에 사용되는 특정한 유전 신호의 역할뿐만 아니라
뿌리 발달의 빛 의존성 조절에서 싹과 뿌리 모두에 전해
지는 신호의 역할에 대한 이해를 더 깊게 해주었다.[5] 유기
체의 통합적 기능들이 개별 부분의 활동, 발달, 기능 들을
조화롭게 조정하는 것에 의존하고 있다는 개념과 관련해
과학자들은 '발달상의 통합'이라는 용어를 사용한다.[6] 이
런 종류의 통합적 반응은 우리의 콩 모종에게 필수다. 콩
모종은 가뭄이나 음지에서 벗어나기 위해 스스로 뿌리
를 뽑아 더 좋은 곳으로 이동할 수 없다. 대신 자신의 상황
을 개선하기 위해 생리적이고 구조적인 변화를 일으키는
'멈춤'과 '계속'을 의미하는 수많은 신호에 반응한다. 이러
한 발달 가소성은 역동적 환경에서 생존해야 하는 식물
에게 매우 중요하다.

　　가장 극단적으로 빛이 전혀 없을 때도 콩 모종은 일
정 기간 생존할 수 있다. 과학자들이 어둠 속에서 자라는

식물들을 관찰한 결과 빛을 받으며 자란 식물과 외양, 형태, 기능 면에서 크게 차이가 났다. 빛을 받는 조건만 다를 뿐 유전적으로 동일하고, 온도와 물, 양분 수준이 같은 조건에서 자랄 때조차 그러했다. 어두운 환경에서 자란 모종은 떡잎과 뿌리처럼 어두운 곳에서 제 기능을 다 발휘하지 못하는 기관으로 가는 에너지의 양을 제한하는 대신, 줄기를 신장시켜 어둠에서 벗어나고자 한다.[7] 이에 반해 빛이 충분하면, 모종은 줄기의 신장에 할당하는 에너지의 양을 줄인다. 에너지는 잎을 키우고 넓게 퍼진 뿌리계를 발달시키는 데 집중된다. 이는 표현형 가소성의 적절한 예다. 모종은 자신의 형태와 내부의 물질대사 및 생화학 과정을 조정함으로써 뚜렷이 구별되는 환경 조건에 적응한다.[8]

식물은 빛의 이용 가능성뿐 아니라 수많은 환경 조건에 반응해 표현형 가소성을 보인다. 식물은 가뭄, 기온 변화, 공간과 영양소 부족과 같은 스트레스에 반응할 수 있다.[9] 일례로 각기 다른 조건 아래에서 씨앗의 일정한 수확량을 유지하기 위해 콩은 식물 수확의 몇 가지 요소들, 즉 꼬투리 수, 꼬투리당 씨앗 수, 또는 개별 씨앗의 크기 중 어느 하나를 조절할 수 있다.[10]

비가역적 적응을 초래하는 표현형 가소성의 유형은 발달 가소성으로 알려져 있다. 식물의 발달 단계 동안 일어나거나 중요한 과정에 영향을 미치는 이러한 변화들은 자주 눈에 띈다. 뿌리나 줄기가 길어지고, 잎들이 더는 나오지 않고, 평소와는 다른 시기에 꽃이 피고, 씨앗이 작아지는 것을 관찰할 수 있다.

이와 대조적으로 생리적 또는 생화학적 가소성은 세포 안에서 일어나는 가역적 적응을 뜻한다.[11] 이 유형의 가소성은 태양 쪽으로 구부러지는 줄기나 색이 변하는 잎처럼 관찰하기 쉬운 변화를 일으키지 않기 때문에 간과하기 쉽다. 그러나 이 가소성도 똑같이 중요하다. 이 가소성 덕분에 빛 에너지가 생산적으로 이용될 수 있도록 각기 다른 빛의 정도에 대응하고자 자신의 집광 복합체를 조정하거나 이산화탄소 수치에 반응해 여러 광합성 효소의 비율을 변화시킬 수 있다.[12]

콩의 형태와 물질대사 과정을 환경에 맞게 조절해야 하는 이유의 기저에는 콩과 식물의 에너지 예산이 있다. 콩 모종은 매일의 활동을 유지하기 위해 반드시 써야만 하는 일정량의 에너지를 가지고 있으며 그 에너지는 여러 방식으로 분배될 수 있다. 새로운 잎을 만드는 데 에너지를 더 많이 써야 할까? 아니면 줄기를 신장시키는 데 더 써야 할까? 혹은 뿌리를 더 길게 자라게 하거나 꽃봉오리를 맺게 해야 할까? 이 질문은 우리의 월간 가계 예산을 계획할 때 하는 질문과 매우 흡사하다. 나는 집세를 낸 후에 식비에 얼마를 쓸 수 있을지 확인한다. 점심을 라면으로 할까? 아니면 친구들과 초밥을 먹어도 될까? 자동차 구매처럼 큰 지출을 해야 한다면 몇 달 동안 라면으로 점심을 때워야 할지 모른다. 결국 생활필수품을 살 돈이 충분하지 않다면 나는 더 많은 시간을 일할 수밖에 없는데, 이는 식물이 더 많은 빛 에너지를 흡수하기 위해 조절해야만 하는 방식과 다르지 않다. 변화하는 환경에 맞춰 자신의 에너지 예산을 조정하는 식물의 능력은 생존에 대단히 중요하다.

모든 생물은 에너지 예산을 가지고 있지만 각기 다른 방식으로 예산을 관리한다.[13] 동물은 행동을 바꾸고 움직임을 통제함으로써 적응한다. 예를 들어 온대 기후에서 곰을 비롯한 몇몇 동물은 먹이가 부족할 때 에너지를 절약하기 위해 동면에 들어간다.[14] 식물은 다른 방식으로 적응한다. 콩 모종에서 살펴보았듯이 식물은 형태를 바꾸거나 생화학적 변화를 일으킬 수 있다. 일부 식물생물

학자들은 이 두 가지 방식을 행동의 종류로 간주한다.[15]
식물과 동물의 또 다른 차이는 식물이 각각의 발달 단계
에서 환경에 반응해 자신의 행동과 형태를 조정한다는
것이다.[16] 어린 식물이 빛의 이용 가능성에 반응해 줄기
를 길게 자라게 하거나 잎을 더 많이 나게 한다면, 성숙한
식물은 잎의 위치를 바꿀 필요가 있다고 판단할 것이다.
잎자리leaf position(옆위)는 세포 내의 수압, 즉 팽압을 변화
시키거나 각기 다른 잎자루, 즉 잎과 줄기를 연결하는 부
분이 다른 속도로 자라게 함으로써 조정될 수 있다. 즉 찌
는 듯이 무더운 여름에 식물은 위험할 정도로 뜨거운 지
표면에 잎들이 닿지 않도록 잎의 위치를 위쪽으로 올릴
수 있다.[17]

　　키가 큰 참나무oak(밤나무, 떡갈나무, 상수리나무 등 참나
무과에 속하는 나무의 통칭—옮긴이)의 경우에는 다른 고려 사
항들이 작용하기 시작한다. 나무의 꼭대기인 우듬지에서
일부 나뭇잎들은 다른 잎에 그늘져 있기 때문에 충분한
빛을 받지 못하거나 다른 파장의 빛을 받을 수 있다.[18] 그
런 잎들은 잎자루를 구부리거나 길게 자라게 해서 빛이
더 많이 들거나 양질의 빛을 받는 탁 트인 공간으로 이동
할 수 있다.[19]

환경 조건에 관해 생각할 때, 우리는 보통 빛, 물, 영양소 등을 떠올린다. 하지만 정원에서 자라는 콩과 식물과 라일락 관목은 다른 환경 요인과도 씨름하는데, 그것은 다름 아닌 자신을 먹어치우는 토끼와 사슴이다. 정원사와 원예학자들은 소위 생물학자들이 말하는 동물성 가소성에 대해 잘 알고 있는데, 이는 동물이 나뭇가지나 줄기를 잘라 먹고 나서 새 곁가지가 나올 때 일어나는 반응이다. 때로는 가지치기를 통해 우리가 이 반응을 일으키기도 한다. 우리는 야생에서 자연적으로 자라는, 가늘고 성깃성깃한 긴 가지들이 있는 덤불보다는 새 곁가지들이 나올 때 나타나는 오밀조밀하게 밀집된 덤불을 더 좋아한다.[20] 그러나 덤불은 어떤 특별한 이유가 있어서 이런 반응을 진화시켰을지 모른다. 즉 덤불이 빽빽할수록 동물들이 꽃과 과일에 접근하는 것이 더 어렵기 때문일지도 모른다.

발달 가소성과 생화학적 가소성 외에도 식물은 후성유전을 통해 환경에 반응할 수 있다. 서론에서 살펴본 후성유전학적 변화는 DNA가 조절되는 방식에 영향을 미치는 변화이며, 그중 일부는 유전될 수 있다는 사실을 상기해 보자. 후성유전학적 조절의 대상이 되는 과정 중 하나가 춘화현상이다. 춘화는 오랜 추위에 노출된 후에야 개화를 촉진하는 현상을 뜻하며, 그로 인해 추운 겨울이 가고 봄이 와야 꽃이 핀다. 과학자들은 이 형질을 가진 식물의 유전자 발현을 낮은 기온이 조절하고, 그로 인한 일시적 변이가 무수한 세포 분열을 통해 몇 달간 유지된다는 것을 발견했다. 이러한 식물은 겨울을 지낸 뒤 꽃을 피우는 것이 안전하다는 사실을 효과적으로 '기억'할 수 있다. 하지만 이 기억은 다음 세대까지 지속되지 않는다.[21] 밸리 오크(쿠에르쿠스 로바타*Quercus lobata*)와 같은 특정 식물은 기후 변화에 반응해 다음 세대로 전해지는 후성유전학적 변화를 보인다는 증거가 있다.[22]

지금까지 우리는 잎, 줄기, 가지, 즉 지상부의 모두 구조에 관해 살펴보았다. 그러나 식물은 땅 위뿐 아니라 한정된 자원을 두고 경쟁하는 땅 아래의 환경 조건에도 반응한다.[23]

토양 조건은 전혀 일정하지 않다. 토양의 pH(수소 이온 농도 지수)는 장소마다 다를 수 있으며, 잎이나 동물의 사체가 분해되면 영양분이 풍부한 구역이 생길 수 있다.[24] 이렇게 균일하지 않은 토질에서는 여타 식물이나 토양 미생물이 자원을 흡수해 결과적으로 자원이 고갈될 수 있다.[25] 식물의 뿌리는 눈에 띄지 않은 상태에서 토양 내 이용 가능한 수분과 무기물, 영양분의 균일하지 않은 정도를 감지할 수 있다.

열악한 토양 조건에서 식물들은 뿌리를 발달시키는 데 에너지를 더 많이 쏟을 수 있다. 뿌리는 뿌리털(길고 가는 털)을 만들어 발달시켜 영양분이 풍부하고 물이 잘 공급되는 토양을 찾아 뻗어나간다.[26] 영양분이 풍부한 토양에서 식물은 뿌리 생물량biomass을 증가시킬 수 있다. 뿌리는 좋은 조건을 활용하기 위해 옆으로 자라면서 밀도를 높인다. 뿌리는 공간적 변화뿐 아니라 시간적 변화에도 반응한다. 단기간에 더 많은 영양분을 흡수할 수 있게 되면, 식물은 뿌리의 생물량을 증가시킬 수 있다.[27]

뿌리의 구조와 생장에서 나타나는 변화들은 보통 호르몬에 의해 시작되어 촉진된다. 이때 사용되는 주요 호르몬은 옥신으로, 식물이 빛을 향해 굽어 자라는 현상과 관련된 같은 호르몬이다.[28] 뿌리의 변화들은 또 광범위한 결과를 초래해 식물의 지상부에도 영향을 미친다. 영양분이 제한적일 때, 식물은 새잎으로 가는 에너지를 뿌리와 양분 섭취에 관여하는 수송단백질로 이동시킨다.[29] 그러나 토양에 영양분이 풍부하고 뿌리가 단백질 및 기타 중요한 세포 화합물의 생산에 필수적인 질산염을 양적으로 충분히 흡수하고 있다면, 호르몬 균형이 변화하면서 새잎이 더 많이 나오도록 촉진한다.[30]

이제 정원에 머물거나 숲속을 걸을 때, 땅 아래에서 일어나고 있는 온갖 일들에 대해 잠시 생각해 보자. 콩과 식물과 참나무가 뿌리 내림과 뿌리의 생장과 밀도를 조절하는 능력은 식물의 생장과 번식을 지탱하는 데 매우 중요하다.[31]

지금까지 살펴보았듯이 식물은 자신의 환경에서 조건들을 감지하고 그에 반응하는 특별한 능력을 갖추었다. 인간은 개인과 공동체로서 우리가 번영하는 데 도움이 되는 몇 가지 유용한 가르침을 식물에게 배울 수 있다. 콩 모종이 정확히 얼마나 많은 빛이 자신에게 닿는지, 어떤 영양분이 뿌리를 통해 흡수되는지 감지하듯이, 우리도 우리가 감지한 바를 의도적으로 되새기면서 어떻게 대응하는 것이 최선인지 숙고하며 우리 주변을 예민하게 인식해야 한다. 적절한 음식과 주거지가 있는가? 가족이나 친구, 직장으로부터 정서적·재정적·물적 지원을 받고 있는가? 이는 우리가 장단기적으로 반드시 물어야 할 질문들이다. 기본적인 욕구를 충족하기 위한 장기 계획도 갖춰야 하겠지만, 갑작스러운 변화나 계획에 차질이 생겨 당장 대응해야만 하는 상황에 놓일 수도 있다.

이와 관련해 내가 배운 가장 큰 가르침 중 하나는 계획적인 자기 성찰의 시간이 중요하다는 것이다. 즉 시간을 들여서 내가 처한 환경 조건을 인식하는 일은 중요하다. 나를 비롯해 많은 이들이 자기 성찰을 위한 시간, 그리고 우리의 지금 행동들이 우리가 처한 현재 환경에 의미 있게 협력하고 있는지 가늠할 시간을 거의 내지 못한 채 바쁜 일상에 쫓길 때가 많다. 상황을 감지하고, 내가 처한 환경과 이용할 수 있는 자원 및 지원에 맞춰 조절하고 대응하며 앞으로 나아가기 위해 성찰의 시간을 우선시하는 것이 중요하다는 사실을 나는 '처리하고 진행해야 하는' 필요성으로 이해하게 되었다.[32] 이것은 식물의 환경 반응성과 유사하다.

특정한 시기의 상황에 따라 콩은 더 길게 자랄지 뿌리를 뻗을지 결정해서 어느 한 부분에 자신의 에너지를 더 쏟을 것이다. 이와 마찬가지로 우리도 어떤 활동에 얼마나 많은 에너지를 할당할지 전략적 계획을 세우고, 현재 상황에 따라 우리가 속한 공동체 내의 어디에서 더 큰 자원을 찾을 수 있을지 판단해야 한다. 우리는 우리 자신과 우리의 기본 욕구를 충족하기 위해 추가의 자원이 필요하다고 생각되면, 임금 인상이나 인사이동을 요청하거나 외식 대신 강좌를 수강할 수도 있다.

햇빛과 영양소는 변함없이 고정된 것이 아니며, 우리 삶의 환경 또한 마찬가지다. 상황이 변했을 때 이를 인지하고 그에 따라 대응하는 일은 중요하다. 아주 작은 콩 모종이 외부 상황에 맞추어 어떻게 자신을 조정하고 매번 다시 적응하는지 우리에게 훌륭한 본보기를 보여준다.

나무와 식물은 조화를 이루어 살아가는 방식으로 서로를 존중한다.

_에모토 마사루, 《물은 답을 알고 있다》(더난출판사, 2008).

2
경쟁하고 협력하며
친족 범위 넓히기

　　정원사는 형형색색의 꽃들로 가득 찬 뜰이나 풍성한 수확을 꿈꾸며 씨앗을 뿌린다. 봄에 싹이 나면 반갑기 그지없다. 하지만 땅에 무작위로 씨앗을 던지지는 않는다. 경험이 풍부한 정원사는 어떤 꽃과 채소를 심을지, 어떻게 무리를 나눠 심을지 신중하게 고민한다. 아주 세심한 정원사는 건강하고 협력적인 환경이 될 수 있도록 함께 잘 자라는 '친한' 종들을 선택하며, 주로 실내에서 발아시켜 모종에 유리한 환경을 제공한다. 어린 백일초, 콩, 토마토를 잘 키우기 위해 빛과 습도, 물 주는 일정을 꼼꼼히 조절한다. 서리의 위험이 지난 뒤 모종을 실외에 옮겨 심고 나서도 여전히 할 일은 남아 있다. 그후 몇 주 동안 건강한 정원을 유지하기 위해 일부를 솎아내기 시작한다. 사려 깊고 신중하게 어린 식물들의 공간 분포를 평가한 다음 몇몇 식물을 희생시켜 남은 식물들이 넓은 공간에서 자라면서 햇빛과 영양분을 얻기 위해 서로 경쟁하는 일이 없도록 한다. 또 민들레와 돼지풀 같은 원치 않는 종을 제거하기도 한다.

자연환경에서는 정원사의 손길이 없어도 도태가 일어난다. 일부 어린 식물은 시들어 죽거나 초식동물의 먹이가 되고 일부만이 자라서 성체가 된다. 참나무 모종들의 빽빽한 군락을 보고 나면, 생존을 위한 잔인한 투쟁이 떠오를지 모르겠다. 그러나 그보다 훨씬 많은 일이 벌어지고 있다. 얼마나 많은 에너지를 쏟아야 하는지에 대한 판단을 거쳐 묘목들의 경쟁은 완화된다. 그리고 경쟁뿐 아니라 놀랄 만한 방식으로 협력 또한 이루어지고 있다. 백일초, 콩, 토마토, 참나무는 이웃한 식물과 곤충, 곰팡이, 박테리아가 친구인지 적인지 끊임없이 평가하고, 필요한 자원을 얻기 위해 자신의 에너지를 집중하는 최선의 방식이 무엇일지 선택하고 있다.

지금까지 살펴본 것처럼 식물은 에너지 투입과 관련해 예산을 의식한다. 그래서 필요 이상의 경쟁을 피한다. 식물은 가령 빛이나 영양분을 얻으려고 경쟁할 테지만 어디까지나 필요한 정도를 충족시킬 때까지만이다. 식물은 귀중한 자원을 불필요하게 사용하지 않기 위해 언제 경쟁을 시작하고 언제 중지해야 할지(제동을 걸어야 할지) 판단하는 다양한 메커니즘을 사용한다.[1] 식물이 충분한 자원을 확보한 후에도 계속 경쟁을 한다면, 미래에 필요할지 모를 에너지를 끌어다가 소모하게 될 것이다. 그래서 식물은 경쟁보다는 협력을 택할 수 있다. 협력을 통해 자원을 확보하는 비용을 나눔으로써 에너지를 아낄 수 있다.

어떻게 상호작용할지 결정하려면 다른 유기체들, 즉 어떤 식물이나 동물, 미생물이 주변에 존재하는지, 공통적이거나 상호 보완적인 요구를 가늠하기 위해 이웃과 소통할 수 있는지, 비용을 나누며 자원을 얻는 데 시너지 효과를 발휘하는 메커니즘이 있는지 알아야 한다.

어린 참나무는 이웃 식물이 친구인지 적인지 어떻게 평가하고, 무엇을 해야 할지 어떻게 판단할까? 식물학자들은 수많은 식물 종이 감지-판단-결정 체계로 알려진 방식을 사용한다고 믿는데, 이는 동물행동학자들이 처음 고안한 모델이다. 꿀벌이 꽃을 찾아가는 것 같은 단순한 행동이 우리에게는 무작위적인 행동으로 보일지 모르지만, 실제로는 벌이 꽃을 뚜렷하게 감지하는 행위에서 시작된다. 벌은 꽃을 감지한 후 꽃들을 구별하고, 마지막으로 적극적인 행동에 나설 것인지 결정한다. 실제로 과학자들은 꿀벌이 시각적 신호, 심지어 매우 유사한 신호도 구별하는 인지 능력을 보인다는 것을 발견했다. 달콤한 꿀 같은 보상을 기준으로 두고, 아무 보상이 없거나 쓴 물질 같은 불이익과 비교해 벌들은 꽃을 식별하고 선택하는 결정을 내리기 위해 시각적 신호를 이용할 수 있다.[2]

이 과정은 식물에서도 같은 방식으로 작용한다. 식물은 광수용체를 사용해 정보를 감지하고, 이는 전기 신호 혹은 일시적인 칼슘이나 호르몬 축적 같은 신호를 만드는 것으로 이어진다. 식물은 흔히 호르몬 감지를 통해 이러한 정보를 처리하고 평가해 판단한다. 그러고 나서 유전자 발현을 변경시킴으로써 표현형을 바꿀지 결정을 내린다.[3] 예를 들어, 잎이 로제트형(잎이 줄기 가까이 방사상으로 자라는 형태—옮긴이)으로 자라는 조그마한 식물인 애기장대(아라비도시스 탈리아나*Arabidopsis thaliana*)를 대상으로 과

학자들이 진행한 연구를 생각해 보자. 많은 애기장대 식
물이 가까이에서 함께 자랄 때, 잎들은 이웃한 식물의 잎
에 그늘질 수 있다. 연구진은 애기장대가 자신의 잎끝이
이웃 식물에 닿으면 이웃이 바로 가까이 있음을 감지하
는 것을 발견했다. 이 신호는 애기장대가 빽빽한 잎들로
인해 나타난 빛 스펙트럼의 변화를 알아차리기도 전에
감지할 수 있다.[4] 애기장대는 이웃 식물에 관한 이 정보를
사용해 어떻게 더 많은 빛을 얻을지 결정할 수 있다.

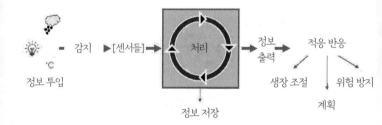

식물은 센서(예: 빛, 온도, 수분 센서)를 사용해 환경 신호를 감지하고,
들어온 정보를 처리하고, 그중 일부를 저장하고(예: 후성유전학적
변화의 형태로), 계획과 생장 조절, 위험 방지를 비롯해 적응 반응을
시작할 수 있는 능력을 바탕으로 하는 의사 결정 과정을 택한다.

많은 식물이 또한 공기 중으로 배출되는 휘발성 유기 화합물Volatile Organic Compounds, VOCs을 통해 서로의 존재를 감지한다. 이 화합물들은 생장, 발달, 생식에 직접 사용되지 않는 2차 대사물이지만, 이 과정을 조절하는 호르몬들을 유도하거나 상호작용할 수 있다. 이 화합물은 언어의 한 형태로 간주되기도 한다.[5] 생물학자들은 동물만이 자기 인식과 혈연 인식 능력, 즉 조직이나 다른 개체가 유전적으로 동일하거나 자신과 밀접한 관련이 있는지 판단하는 능력을 갖추었다고 생각했다. 그러나 실험 결과 식물도 자신과 다른 개체뿐 아니라 친척도 인지할 수 있음이 밝혀졌다.[6] 이러한 인지는 식물이 일상적으로 또는 잎을 뜯어 먹는 딱정벌레 같은 특정한 환경 신호에 반응해 생산하는 VOCs에 의해 흔히 이루어진다. 이 화합물들은 한 식물에서 같은 종과 다른 종을 포함한 또 다른 식물로 이어지는 소통뿐 아니라 식물과 곤충, 박테리아 같은 다른 분류군 개체와의 소통 수단도 된다.[7]

식물은 경쟁할지 협력할지를 결정할 때 다른 기능을 제치고 어느 한 기능에 에너지를 투입하는 선택의 기회비용을 신중히 따진다.[8] 우리가 자신을 위해 최고의 선택을 할 때(지금 일자리를 구해야 할까 아니면 먼저 추가 교육을 받

아야 할까)와 마찬가지로 그러한 활동의 기대 이익이 비용
을 넘어설 때 식물은 행동 방침을 정한다. 앞으로 살펴보
겠지만, 환경에 역동적으로 반응하는 이 능력에는 장단
기적 이점이 있다.

어린 참나무는 모든 식물과 마찬가지로 생장과 발달,
생식을 위해 빛과 영양분과 수분이 필요하다. 하지만 이
런 자원은 특히 식물이 밀집한 환경에서 부족할 수 있다.
자원이 한정적일 때는 자원을 더 잘 얻거나 효율적으로
이용할 수 있는 개체가 생존율이 높고 더 많은 자손을 갖
게 될 것이다. 식물은 필요한 자원을 환경에서 이용할 때
자연의 공간 변이성으로 인해 이러한 반응들을 진화시
켰을 것이다. 같은 생태조건에서 살아가는 다른 유기체
가 자원을 이용하기 때문에, 이를테면 토양에서 서식하
는 미생물 같은 유기체가 영양분을 이용해서일 수도 있
다.[9] 이런 능력뿐 아니라 약탈자로부터의 피해를 방지하
는 메커니즘이 있는 참나무는 계속 더 많은 유전자를 다
음 세대에 물려주고, 이 전략은 전파될 것이다.

식물은 서로 근접한 상황에서 일반적으로 몇몇 반응,
대체로 맞서서 경쟁하거나 혹은 협력, 내성, 회피 중 하나

를 선택하는데, 환경 신호에 반응해 에너지 예산을 민감하게 의식하여 대응한다.[10]

맞서서 경쟁하는 전형적 사례로는 빛을 얻기 위한 경쟁을 들 수 있다. 식물은 햇빛이 필요하므로, 온전한 햇빛에 포함된 광합성을 극대화하는 풍부한 적색광을 받지 못하도록 그늘을 드리우는 이웃 식물의 존재에 극도로 예민하다. 그늘을 드리우는 이웃들은 잠재적인 광합성을 제한해 화학 에너지의 생산마저 제한한다.

식물은 음지 회피 행동으로 알려진 경쟁 형태에 참여해 이 상황에 대응한다.[11] 어린 참나무의 잎들이 이웃 식물의 그늘에 있게 되면, 생장을 촉진하는 호르몬의 생성과 축적이 활성화된다.[12] 호르몬은 줄기를 길게 자라게 하고(발달 가소성의 한 형태), 음지에 있던 어린나무는 이웃 식물들보다 키가 커져 경쟁에서 '이길' 수 있다. 모종은 우듬지의 틈이나 햇빛을 직접 받는 또 다른 곳까지 '경주해' 근처 이웃 식물들과 햇빛을 두고 경쟁을 벌일 것이다. 다른 전략으로는 잎을 비스듬하게 위로 자라게 하고, 가지를 줄이고, 동시에 자원을 중심 줄기에 더 많이 보내며, 뿌리의 생장을 증가시킨다.[13] 이 경주의 승자는 에너지 비축량을 보충하고 증가시킬 수 있고, 그 비축 에너지를 사

용해 생물량의 생산을 증가시키거나 위험을 방어하거나
번식할 수 있다.[14]

1장에서 빛을 받는 정도에 따라 콩 모종이 자라기 시
작하거나 혹은 멈춰야 하는지 알려주는 계속과 멈춤 신
호에 관해 언급했다. 어린 참나무가 환경 신호를 해석해
경쟁자의 위협을 판단하고 반응을 개시할 때도 유사한
과정이 일어난다.[15] 광수용체라는 일련의 단백질은 다른
파장의 빛을 감지할 수 있다.[16] 광수용체는 빛의 양뿐만
아니라 빛의 질에 대해서도 어린나무에게 알려준다. 광
수용체는 스펙트럼의 근적외선 영역에서 많은 양의 빛
을 감지하면, 계속 신호를 보내 식물이 위치를 바꿔 직사
광을 더 많이 받도록 유도한다. 사람의 눈에 보이는 파장
의 바로 경계에 있는 근적외선광은 음지에 닿는 전형적
인 낮은 질의 빛을 보여준다. 하지만 양지에서 온전한 햇
빛을 받을 때의 전형적 특징인 높은 비율의 적색광을 감
지하면, 식물이 자생하기에 좋은 환경이므로 광수용체
는 줄기의 신장을 멈추라는 신호를 식물에게 보낸다. 이
러한 소통 시스템의 견제와 균형은 어린나무가 표현형을
변경함으로써 신속하게 반응하는 동시에 성장과 존속,
번식 가능성을 높일 다른 활동들을 위한 자원을 보존할

수 있게 한다.

식물이 빛을 두고 경쟁하는 또 다른 방법은 수직적 생장이 아닌 횡적 생장을 선택하는 것이다. 이 전략을 택한 식물은 위로 자라는 대신 더 많이 트여 있는 빈틈을 향해 옆쪽으로 자란다.[17] 잎의 횡적 생장은 연구진이 처음 생각했던 것보다 훨씬 더 복잡한 과정이다. 연구진은 일부 식물의 경우 이웃 식물이 가까운 친족인지 아닌지에 따라 경쟁적이거나 협력적인 행동을 조정할 수 있다는 놀라운 사실을 발견했다. 이런 행동은 동물들에서 잘 알려져 있으며, 친족이 유전자를 공유하기 때문에 진화되었다고 여겨진다. 일례로 큰어치는 형제자매와 평균적으로 유전자의 반을 공유하며, 이 유전자 중 일부는 생존율의 증가와 관련이 있다. 따라서 큰어치가 포식자로부터 형제자매를 보호한다면, 이는 자신의 생존을 강화하는 유전자가 지속되도록 하기 위한 것이기도 하다.[18]

현재 연구진은 식물에서도 이와 유사한 활동이 일어나고 있는 것을 발견했다. 식물이 경쟁보다는 협력을 위해 잎의 횡적 생장을 활용한다는 것을 밝혀낸 것이다. 노란물봉선화(임파티엔스 팔리다*Impatiens pallida*)에 대한 연구 결과에 따르면, 물봉선화 개체들은 뿌리를 통해 밀접히 관련된 친족을 인식할 수 있다. 형제자매 옆에 심어진 개체들은 낯선 식물 옆에서 자라는 개체들과 다르게 생장한다. 빛을 얻기 위해 경쟁하지 않고 협력한다. 친족 옆에서 자라는 식물은 가지를 더 많이 내고 잎이 더 빽빽하게 나도록 해 그 결과 친족 관계인 이웃 식물과 잎들이 겹치거나 그늘지는 부분을 줄인다.[19] 애기장대를 대상으로 한 다른 실험에서도 이웃 식물이 친족이면 경쟁 반응이 감소하는 것으로 나타났다. 이때 애기장대는 빛을 감지하는 광수용체에 의해 매개되는 지하 신호가 아닌 지상 신호로 자신의 친족을 인식했다.[20]

이런 행동은 나무를 비롯한 다양한 다른 종에서 관찰되었다. 숲에 가면 고개를 들어 하늘을 똑바로 바라보거나 또는 비행기를 타면 위에서 나무숲 아래를 내려다보라. 이웃한 나무들의 윗부분이 서로 닿지 않아 생긴 빈 공간을 볼 수 있을 것이다. '수관기피'crown shyness 또는 '수관 간격 두기'crown spacing라고 불리는 이 현상은 처음에는 물리적 근접성으로 인해 가지들이 부딪혀 서로 마모되어 발생한다고 생각되었다.[21] 그러나 최근의 연구는 광수용체에 의해 매개되는 음지 회피 또는 어떤 경우에는 협력적 행동의 결과일 수 있음을 알려주었다. 수관 간격

두기는 서로 다른 종인 나무보다 가까운 친척 관계인 나
무들에서 더 흔히 일어난다.[22] 따라서 식물은 친족이 아
닌 식물과 비교했을 때 친족이거나 근연식물과는 빛을
두고 경쟁을 적게 하는 것으로 보인다. 우듬지의 가지들
이 조심스럽게 거리 두기를 하는 현상은 경쟁을 제한하
는 협력적 발달 반응이며, 경쟁에 대한 가소성 반응이 생
태계와 군락 역학에 어떻게 영향을 미치고, 궁극적으로
는 어떤 종이 존속하는지 결정하는 방식을 보여주는 사
례다.[23]

    빛이 제한된 조건에서 식물은 경쟁과 협력뿐 아니라
때때로 내성으로 대응한다. 이 경우 식물은 음지 회피 전
략을 취하면서 호르몬을 매개로 한 생장과 자원의 재분
배를 통해 빛을 두고 경쟁하지 않는다.[24] 오히려 내음성
식물은 빛이 제한된 조건에서 충분한 양분을 만들기 위
해 적응을 시작한다. 이런 식물의 잎은 빛이 약한 조건에
서 부족한 적색광을 더 많이 포착하기 위해 엽록소 농도
가 높으며 두께가 얇고 더 크다.[25] 이에 대한 절충으로 내
음성 식물은 빛이 잘 드는 조건에서 자외선을 차단하는
색소를 만드는 에너지를 적게 소비한다. 따라서 음지 회
피 식물과 음지에서 잘 견디는 내음성 식물은 빛의 확보

와 적합도를 최대한 활용해 적응한다. 즉 음지 회피 식물
은 양지에 최적화되어 있고 내음성 식물은 음지에 최적
화되어 있다.

　　어린 참나무나 물봉선화은 자라면서 이웃 식물을 감
지하고, 지상과 지하에서 다양한 방법으로 이웃 식물의
근접성과 크기, 친족 관계를 평가한다. 자신이 직면한 환
경에서 발견한 정보를 바탕으로 식물은 경쟁이나 협력,
회피, 내성 중에서 (분자의 합성과 배치라는 차원에서) 어떤 방
식을 택할지 결정을 내린다.[26] 언제 경쟁하고 언제 경쟁
을 그만둘지 결정하는 능력은 식물의 에너지 의사 결정
에 있어 매우 중요한 것으로서, 식물이 자신의 자원을 가
장 효율적으로 사용할 수 있게 한다.[27]

　　빛을 얻기 위해 잎을 배치하고 높이 뻗어 자라는 식물
들을 주의 깊은 사람이라면 알아챌 것이다. 하지만 땅 아
래에서도 치열한 각축전이 벌어지고 있다. 잎과 마찬가
지로 식물의 뿌리도 물리적 공간과 자원을 차지하기 위
해 경쟁을 벌인다.

　　흥미롭지 않다고 생각할지 모르지만, 뿌리 역시 크기
와 길이, 배열 면에서 꽃이나 잎, 줄기만큼이나 경이로울

정도로 다양하다. 어떤 식물의 뿌리는 얕게 내리면서 수많은 갈래가 교차해 고도의 연결망을 형성하는 반면, 다른 식물의 뿌리는 지하 깊숙한 곳을 탐지하면서 땅속 깊이 곧고 길게 내린다. 식물의 한 종 안에 고정된 특징들도 있지만, 환경 조건에 반응해 나타나는 특징도 있다.

잎이 지상의 빛을 두고 경쟁하듯 뿌리도 이용 가능한 영양소를 두고 경쟁한다.[28] 영양소는 보통 토양에 불균일하게 분포한다. 이 때문에 영양소가 있는 방향으로 자랄 수 있거나 혹은 자원을 획득하거나 사용하는 데 특히 효율적인 뿌리를 보유한 식물은 경쟁 우위에 있게 된다. 어떤 영양소는 뿌리가 쉽게 흡수하지 못하는 형태로 존재하기 때문에 이런 영양소를 이용할 수 있는 식물이 경쟁에서 이긴다. 영양소를 이용하는 방법 중 하나는 수용성 또는 운반 가능한 형태로 영양소를 전환하는 것이다. 뿌리는 영양소들이 흡수될 수 있도록 영양소의 용해성을 높이거나 영양소를 결합하는 화합물을 분비한다(이 주제에 대한 자세한 내용은 3장을 참조하라).[29]

또 다른 방법은 식물이 자신을 위해 영양소를 전환해 줄 '친한' 미생물을 모집하는 것이다. 하지만 이 일을 어떻게 다른 유기체에게 맡길 수 있을까? 한 가지 방법은 토양

의 pH나 미량영양소micronutrient 구성을 변화시키기 위
해 뿌리 주변의 토양에 분비액을 배출하여 영양소를 생
물학적으로 이용 가능한 형태로 변형시키는 데 도움을
주는 박테리아나 다른 미생물을 유인하는 것이다.[30]

　　영양소나 물 또는 이용 가능한 공간을 비롯해 자원
이 제한된 상황에 직면하면, 식물의 뿌리는 경쟁을 벌일
수 있다. 뿌리는 토양에 다른 뿌리나 물리적 장벽의 존재
를 감지하고서 곁뿌리와 뿌리털의 성장을 억제할 수 있
는데, 이는 경쟁적 배제(생활자원이 유사한 종은 경쟁 결과 같
은 장소에서 공존하지 못하는 원리—옮긴이), 즉 근방의 식물들
과 뒤엉킴이나 경쟁을 피하기 위해 성장을 제한함으로
써 뿌리의 고립이나 분리를 초래할 수 있다.[31] 토양에 자
원이 풍부할 때 뿌리의 경쟁은 덜 치열하다.

　　연구진은 지상에서 일어나는 것과 유사한 뿌리의 경
쟁 과정을 밝혀냈다. 즉 식물은 이웃이 친족인지 낯선 식
물인지에 따라 뿌리의 반응을 조절한다. 사구 식물인 오
대호 지역의 서양갯냉이(카킬레 에덴툴라*Cakile edentula*)를 이
용한 실험은 형제자매들 옆에서 자라는 식물이 낯선 식
물 옆에서 자라는 식물보다 뿌리의 질량이 적다는 것을
보여주었다. 친족과는 경쟁할 필요가 없기 때문에 그들

은 뿌리에 자원을 적게 배분할 수 있었다.[32]

식물은 다른 식물뿐 아니라 균류와 박테리아, 곤충에 이르기까지 다른 종의 무리와도 협력 관계를 맺는다. 식물은 수분pollination에 필요한 곤충을 유인하거나 곤충 포식자를 쫓아내기 위해 공기 중으로 화합물을 방출한다. 지하에서는 뿌리에서 분비된 물질이 협력 과정에 도움을 준다. 이 분비물 덕분에 식물은 자신의 근권(뿌리계 주변의 영역)과 그 영역에 서식하는 유기체에 영향을 미칠 수 있다. 이 물질은 식물이 영양소를 이용하도록 돕는 미생물을 유인하고, 친족을 인식하기도 한다. 실험 결과 일부 식물은 뿌리 분비물을 통해 형제자매와 낯선 식물을 구별한다는 것이 밝혀졌다.[33]

식물이 공기 중으로 방출하는 휘발성 화학물질은 신호로 작용한다. 잎이나 줄기가 초식동물에게 뜯어 먹히면, 분자들이 배출되어 동일 개체의 다른 기관으로 이동할 뿐 아니라 공기를 통해 이웃 식물에 전달된다. 위험해! 이 신호를 받은 식물은 피해를 막기 위해 선제적인 화학적 방어 반응이나 그 밖의 방어 행동을 개시한다.[34] 식물은 식물–식물 상호작용에서도 휘발성 신호를 사용한다.

일례로 기생 식물은 휘발성 화학물질로 숙주 식물을 식
별하는데, 초식동물이 식물의 위치를 파악하고 식물을
구분하기 위해 사용하는 것과 유사한 화학적 신호를 사
용하는 것으로 보인다.[35] 이렇게 유인하는 신호는 2차 대
사물이나 물질대사의 부산물로서 식물에 의해 형성되는
것으로 보이지만, 위험을 알리기 위해 사용되는 공기 매
개 화학물질은 초식동물이나 손상으로 인해 생성된다.

　　휘발성 화합물은 간접적인 방어기전에도 관여한다.
가령 옥수수 식물의 잎이 나비나 나방 유충의 공격을 받
으면 옥수수는 유충의 자연 포식자인 기생 말벌을 유인
하는 화학물질을 방출한다. 유인된 말벌은 유충을 잡아
먹어 유충들이 옥수수 식물을 훼손하지 못하게 한다.[36]

　　다른 식물, 그리고 잠재적 포식자와 꽃가루 매개자와
의 소통 외에도 식물은 다른 유기체와 서로 협력하는 공
생관계를 맺는다. 공생(모두에게 이익이 되는 서로 다른 두 유
기체 간의 상호작용)은 식물의 생장과 생존에 매우 중요하
다. 수많은 식물의 뿌리가 질소 고정 박테리아와 장기적
인 상호작용을 유지한다. 식물은 그들이 이용할 수 있는
형태의 질소에 접근하고 박테리아는 식물에서 당분을 얻
는다.

다른 중요한 공생관계로는 균근mycorrhizae, 즉 균류
와 식물 뿌리의 공생이 있다. 이 관계에서 균류는 식물이
수분을 더 쉽게 흡수하고 질소 및 인산염을 얻도록 돕고,
식물은 균류에게 탄소 화합물 형태로 양분을 제공한다.[37]
균근은 식물의 군락 형성과 소통에 중요한 역할을 한다.
단일 균류는 땅속에서 다수의 식물을 연결하여 식물 뿌
리를 통해 유지되는 네트워크와 군락을 확대할 수 있다.
동시에 각 식물은 다른 보완이 되는 균류와 고유한 관계
를 맺을 수 있다. 균근은 상호 연결하는 모든 식물이 탄수
화물을 공유하도록 함으로서 자원을 공유하는 네트워크
를 구축한다.[38] 균근 연합은 식물이 생존하고 번성하는
데 매우 중요하다. 관다발식물의 90퍼센트에 이르는 식
물이 일종의 균근 연합, 즉 공생관계를 맺고 있다.[39] 또 균
근을 통해 뿌리가 연결된 식물은 서로 신호를 주고받을
수 있다. 실험에 따르면, 진딧물의 공격을 받은 콩과 식물
은 다른 연결된 콩과 식물들에게 균근을 통해 신호를 보
냈으며, 그렇게 서로 연결된 이웃 식물은 해로울 수 있는
진딧물의 존재에 대해 경고를 받았다.[40]

식물 행동의 다른 양상들과 마찬가지로 친족은 유리
한 대우를 받는 것으로 보인다. 연구진은 친족 근처에서

자라는 돼지풀이 낯선 식물 근처에서 자라는 식물보다
더 큰 균근 네트워크를 가지고 있다는 것을 발견했다. 실
제로 친족 식물 군락은 식물–균류 상호작용이 더 활발하
며, 이런 상호작용은 잎의 질소 함유량이 더 높은 것 같은
영양상의 이점을 비롯해 식물이 얻는 이익과 관련이 있
다.[41]

　식물의 뿌리는 뿌리의 증식이나 발달 같은 장기적인
해결책을 시작하기도 전에 빠르게 균근을 형성한다.[42] 식
물은 변화하는 환경 조건에 대응하기 위해 이러한 연합
을 조정하기도 한다. 빛이 약하고 광합성 효율이 줄어들
면 균근 연합은 축소된다.[43] 저장된 에너지가 적거나 에
너지를 보충할 능력이 줄어든 식물은 공생관계처럼 긴요
하지 않은 행동에 몰두할 수 없다. 자원이 극도로 한정된
상황에서 식물은 자급자족에 주력해야 한다. 인을 이용
하는 대가로 탄소 화합물을 균류와 공유하는 것에 관여
할 수 없는 것이다.

　상호 이익이 되는 공생관계는 종종 식물–식물이나
식물–균류처럼 두 종이 아닌 그 이상의 종으로 확장된다.
가령 아프리카와 중동의 건조 지역에서 자생하는 아카시
아를 연구한 연구진은 이 나무의 뿌리 안에 사는 균근균

과 박테리아를 발견했다. 염도가 높은 스트레스 조건에
서 두 유기체를 뿌리에 이식받은 아카시아 모종은 훨씬
잘 자랐다.[44] 토양 박테리아와 균근이 관여하는 3자 공생
은 녹두와 다른 작물의 생장을 향상시킨다.[45] 이러한 시
너지 효과를 내는 네트워크는 눈에 보일 때도 있지만 숨
겨져 있을 때가 많다. 이런 네트워크의 다양성이 전체 시
스템의 통합적 성장과 유지, 기능을 뒷받침한다.

　이번 장에서는 식물이 다른 유기체, 즉 다른 식물이
나 곤충, 균류, 박테리아와 맺는 협력적이거나 경쟁적인
관계를 살펴보았다. 이웃은 친구일 수도, 적일 수도 있다.
하지만 경쟁적인 상황에서 식물은 적대적인 행동에 과도
한 에너지를 소비하지 않도록 하는 여러 방법을 가지고
있다. 그리고 이웃이 친족이라면, 식물은 대개 그들과 유
익한 관계를 맺는다. 협력을 선택함으로써 성공을 거두
고, 생명을 유지하며, 수명을 연장할 수 있다.
　우리는 식물이 다른 유기체와 어떻게 상호작용하는
지 연구하면서 지원과 협력 관계, 공동체를 기반으로 생
태계를 구축하는 것이 얼마나 중요한지 깨달을 수 있다.
생화학자로서의 내 학문적 초점과 밀접하게 연계된 사람

들과 교류하는 것을 넘어 멘토링과 리더십 같은 분야를
비롯해 내가 처음 활동하기 시작했을 때 관심을 가졌던
분야에 강점을 지닌 사람들을 교류 범위에 포함함으로써
나만의 직업적 네트워크가 얼마나 풍요로웠는지 되돌아
본다.

나와 공동연구자들이 우리의 연구 과정에서 이 모델
을 인간관계에 적용하려고 시도해보니 이 모델이 개인적
인 성공 모델에 초점을 맞추는 지배적 사고방식과 충돌
하는 것을 발견했다.[46] 일례로 비주류나 소외 계층 출신
의 개인은 교육적 또는 전문적 환경에서 내부의 지식 네
트워크에서 배제되는 경우가 드물지 않고, 이로 인해 성
공 가능성이 저해된다.[47] 내부 사정을 잘 아는 이들의 입
소문을 타고 전달되는 비공식적인 규칙이나 불문율에 접
근하지 못하는 이들의 상황에 관한 말들이 심심찮게 들
려온다.

그러나 우리는 식물이 형성하는 네트워크를 기반으
로 한 관계에서 많은 것을 배울 수 있다. 식물이 맺는 관계
는 우리가 개인적 협업과 전문적 협업, 학습 협업(가령 공
동체 텃밭, 공동체를 중심으로 한 멘토링 프로그램, 공동의 전문적
인 작업 등)을 구축하고 지속하는 데 적용할 수 있는 본보

기를 제공하며, 다양한 공동체의 힘을 핵심적으로 보여준다. 서로에 대한 지지나 공유하는 가치 또는 호혜적 가치를 중심으로 하여 상호 연결된 공동체와 공생관계를 구축하는 일은 중요하다. 개인의 성공과 더 나아가 생산적 공동체를 위한 기회를 선사하기 때문이다.

식물이 우리에게 가르쳐주듯이 환경에 대해 개별적으로 반응할 필요는 없다. 때론 둘 또는 셋의 관계, 혹은 광범위한 네트워크의 일부로서 협력을 통해 가장 적절한 대응을 시작하면 된다. 가장 효과적인 네트워크는 협력자 및 잠재적 경쟁자와의 소통과 다양한 상호작용을 이끄는 강력한 체계를 통해 구축되고 유지된다. 어쩌면 인간은 식물로부터 친족에 대한 정의를 더 넓히는 가능성에 대해 배울 수 있을 것이다. 흔히 친족에 관한 정의는 유전적인 형제자매인 개인들로만 한정 짓지 않고 기능적으로 유사한 인구통계학적 요소, 즉 인종이나 민족, 사회경제적 요소를 공유하는 개인들로 확장된다. 우리는 친족이란 정의를 유전적 관계를 넘어서까지 확장시킬 수 있지만, 우리가 친족에 포함시킨 이들이 더도 말고 덜도 말고 우리가 배제한 이들보다 우리와 유전적으로 관련이 있을 때만 비로소 그 범위가 확장된다.

우리의 성과를 개선하기 위해, 생물학적 친족과 별개로 친척 관계를 넓히고자 편견을 뛰어넘어 확장시킨 동반자 관계에서 우리는 이익을 얻을 수 있다. 이런 노력에는 우선 우리가 지닌 편견들을 의식하고 그에 맞서는 노고가 따른다. 그러나 우리가 성공을 거둔다면, 친족으로 인식하고 참여시키는 범위를 넓혀 우리의 환경을 극적으로 변화시키고 나아가 모두를 위한 성공과 번영을 약속할 수 있을 것이다.

첫 뿌리가 감수하는 위험보다 더 무서운 것은 없다. 운이 좋은 뿌리
는 결국 물을 찾겠지만 뿌리의 첫 임무는 닻을 내리는 것이다.

_호프 자런,《랩 걸》(알마, 2017).

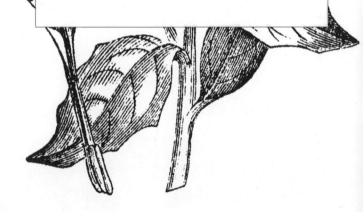

3
이기기 위해
위험 감수하기

길가를 따라 혹은 들판이나 정원에 핀 카나리아 덩굴의 노란 꽃잎, 국화과인 프레리애스터의 인상적인 보라색 꽃, 매리골드의 밝은 오렌지색 꽃에 감탄한 적이 있을 것이다. 이 꽃들은 모두 다양한 종류의 일년생 야생화, 즉 한 번의 생장기에 생활환을 마치는 식물이다. 당신이 정원을 가꾼다면, 매년 봄마다 일년생 식물(팬지, 백일홍)을 심어야 한다는 것을 알 것이고, 해마다 돌아오는 다년생 식물(원추리, 모란)에 대해서도 기대할 것이다.

야생에서 일년생 식물은 일반적으로 겨울이나 건기 같은 힘든 시기가 지나고 나서 씨앗에서 싹이 나온다. 일년생은 짧은 기회의 시간 동안 자라 꽃을 피우고 죽는데, 이렇게 불확실한 시기에 싹을 틔우는 것은 위험한 전략이지만 장점이 있다. 이 작은 식물들은 영양 생장에 분배되는 에너지를 제한하는 대신 빠른 생장을 택해 개화와 종자 발달에 에너지를 쏟는다.[1] 일년생 식물은 짧은 생활환 동안 햇빛과 토양에서 영양분을 얻기 위해 생명력이 더 강한 식물과 다투어야 하는 상황을 피한다. 그리고 태양과 영양분을 온전히 이용할 기회에 비추어 포식자와 초식동물에게 노출될 위험도 따져봐야 한다.

씨앗이 싹을 틔우는 일은 위험천만하다. 겨우 비가 한 차례 쏟아지거나 하루 반짝 따뜻한 날 다음에 싹을 틔우는 게 좋을까? 아니면 흙이 완전히 촉촉해지고 기온이 일정하게 온화할 때까지 기다려야 할까? 어떤 종들은 위험을 무릅쓰는 방향으로 진화해 발아에 대한 역치가 낮은 반면 위험을 회피하는 다른 종은 더 확실한 조건을 기다린다.[2]

식물이 위험을 가늠한다는 생각이 일반인에게는 생소하겠지만, 식물학자들은 식물이 동물과 상당히 유사한 방식으로 위험을 평가한다는 사실을 알고 있다. 또 그러한 평가를 토대로 식물은 여러 활동을 수행한다. 그 행동

중 일부는 유전적으로 고정된 것이고 또 다른 행동들은
유연하며 식물의 생활환 동안 내린 결정들이다.

식물이 위험을 인식하고 그 정도를 따져보는 방식은
우리에게 놀라운 통찰력을 줄 수 있다. 주변 조건이 최적
이 아닐 때, 식물은 우리의 예상을 뛰어넘는 반응으로 위
험에 대처한다. 특히 다른 장소로 바로 이동하는 능력을
지닌 동물을 관찰하는 데 익숙하다면 더욱 놀랄 것이다.
식물이 전 생애에 걸쳐 단일한 환경에서 살아간다는 사
실은 효과적으로 위험을 감수하는 데 있어 특별한 관점
을 견지하도록 한다. 식물은 한자리에 계속 머무는 동안
놀랄 만한 방식으로 위험들을 따져보고, 결핍된 부분에
대응한다.

동물계에서 위험을 감수하거나 회피하는 행동은 대
체로 자원 가용성의 환경 변화를 중심으로 주도되며 에
너지 사용을 감안해 이루어진다. 과학자들은 주로 자원
예산과 전략적 에너지 할당과 관련해 동물이 위험에 어
떻게 반응하는지 예측하기 위해 위험감수성이론이라는
개념을 만들었다. 예를 들어 이 이론에 따르면, 포식자와
맞닥뜨린 동물은 성장, 활동, 생식 같은 내부 과정과 온도
같은 외부 요인에 반응하는 데 얼마나 많은 에너지가 필

요할지 고려해 도망갈지 자신을 방어할지 결정한다.[3]

오랫동안 식물은 위험을 판단하지 못한다고 생각되었지만 최근 여러 연구의 결과에 따르면, 식물은 위험을 판단한다. 물론 식물은 동물과는 다소 다른 방식으로 행동한다. 식물은 자원을 재할당함으로써 위협에 대응하는 반면 동물은 자원을 이용해 도망간다(또는 싸운다).[4] 그러나 동물처럼 식물 역시 역동적이거나 예측할 수 없는 환경에서, 그리고 자원이 부족한 시기에 위험을 더 많이 감수하는 경향이 있다. 만약 식물의 뿌리가 두 가지 환경, 즉 영양분의 수준이 낮지만 일정한 환경과 영양분의 수준이 변동하는 환경 사이에 자리 잡고 있다면, 식물은 영양분의 수준이 변동하는 영역으로 뿌리를 더 많이 증식하기로 선택할 것이다. 식물은 (간헐적일지라도) 충분한 영양분에 노출되기 위해 위험을 감수한다.[5] 이런 행동은 동물에게서도 발견되는 같은 종류의 위험 감지다. 자원이 안정적으로 충분히 공급되는 조건에서 개체는 위험을 감수하는 일이 적다. 하지만 상황에 따라 자원이 달라지면 개체는 장기적 생존 가능성을 높이기 위해 위험한 행동을 할 때가 많다.

위험에 관한 판단과 의사 결정은 식물 생활환의 거의

모든 단계에 정보를 알려준다. 식물은 어린 새싹이었을 때부터 빛과 영양소의 필요를 가늠하고 이 자원들의 이용 가능성에 맞추어 적응해 나간다. 식물은 환경 신호들을 계속 주시하기 때문에 상황이 변화하면 신속하게 감지해 적절하게 단기 또는 장기적으로 반응한다. 과학자들은 식물이 공간이나 시간에 따른 자원의 변화에 정교할 정도로 민감하다는 것을 발견했다. 놀랍게도 식물은 특정 자원의 농도가 변하는지 뿐만 아니라 얼마나 빠르게 변하는지(즉 변화도의 가파른 정도)까지 인식할 수 있다.[6] 역동적인 환경 조건에 반응하는 것은 위험이 따르지만, 장기적으로 이러한 전략은 생장과 생존을 향상시킬 것이다.[7]

식물은 환경 조건과 자원의 가용성에 따라 생장이나 번식, 방어 중 어디에 우선적으로 에너지를 할당하는 것이 좋을지 잠재적 투자 이익을 가늠한다. 휘발성 유기 화합물VOCs은 현재와 미래의 조건들에 관한 강력한 신호로 작용하여 식물이 에너지를 어떻게 배분할지 결정을 내리도록 돕는다. 2장에서 살펴보았듯이 초식동물의 공격을 받은 식물은 다른 개체에 경고 신호를 보내는 VOCs를 방출한다. 하지만 그 신호를 받은 식물은 일어나지 않

을지도 모르는 공격을 막기 위해 더 많은 자원을 쏟아야
할까? 산쑥에 관한 흥미로운 연구에 따르면, 빗물만 공급
받은 식물보다 물을 추가로 공급받은 식물이 경고 신호
에 반응할 가능성이 더 컸는데, 이는 사용 가능한 자원이
많을수록 더 방어에 적극적으로 에너지를 할당한다는 것
을 보여준다.[8] 완두콩 식물을 대상으로 한 유사한 실험에
서, 물이 부족한 식물은 뿌리로 전달되는 신호를 통해 물
이 부족하지 않은 식물과 소통했는데, 이는 위험을 경고
하는 역할을 했다. 이웃 식물들은 다가올 가뭄을 예상하
며 스트레스 반응을 보였다.[9]

　　위험 감수 행동은 자원의 양이 일정하지 않거나 제한
적일 때 특히 흔하게 나타난다. 식물은 자원을 (단기 혹은
장기적으로) 재분배하거나, 더 많은 자원을 획득하는 방법
을 찾거나, 생장을 중단하거나, 혹은 가장 극단적인 경우
계속 존재하기에 적합하지 않은 환경이라고 판단하고 거
기에 대응할 수 있다. 일례로 생존하기에 충분한 햇빛이
나 영양분이 없다고 판단한 꽃식물은 모아둔 에너지를
종자 생산에 사용한다. 이 종자들은 바람이나 동물에 의
해 다른 환경으로 이동되거나 땅에 떨어져 조건이 더 좋
아질 때까지 저장될 수 있다.[10]

　식물은 스트레스나 환경적 제약에 대한 인식을 바탕으로 행동을 변화시켜 '역동적 전략가' 역할을 하고 있다.[11] 먼저 영양소와 관련해 살펴보자. 일정하게 높은 수준의 영양소에 접근할 수 있는 식물은 위험을 감수할 필요가 없다. 이들은 그저 영양소가 풍부한 공간에 뿌리를 퍼뜨린다.[12] 영양소 공급이 부족하거나 일정하지 않을 때 에너지가 필요한 과정을 시작하는 것은 위험하다. 하지만 일부 식물은 이런 상황에서 뿌리를 증식하고 신장을 자극하는 데 에너지를 사용한다. 부족한 영양분을 채우기 위한 노력이 새 뿌리를 내리거나 길게 하는 비용을 능가하기 때문이다.

　이용 가능한 영양분이 적은 조건에서 나타나는 반응 중에는 제한적인 영양소에 의존하는 세포 대사를 줄이기 위해 엽록소를 분해하거나(최색degreening) 토양에서 목표 영양소를 흡수하는 능력을 증가시키는 반응이 있다.[13] 특히 자원이 한정적인 식물은 자원을 배분하는 결정이 훨씬 정밀하게 이루어지기도 하는데, 이는 잘못된 결정을 내릴 경우 영양소 흡수가 감소하거나 생장 및 생식에 해로운 영향을 끼칠 위험성이 커지기 때문일 것이다.[14]

　광합성에 필수적인 철은 식물에게 필요한 핵심 영양

소다. 철은 빛을 흡수하는 광계에 포함되어 있으며, 빛을
수확하는 화학 반응에 필요한 공동 인자다.[15] 그러나 토
양에 존재하는 철은 녹과 같은 불용성의 산화된 형태일
때가 많아 식물의 뿌리를 통해 흡수되지 못하거나 물질
대사와 광합성을 지원하는 화합물을 합성하는 데 사용
되지 못한다.[16] 식물은 철의 부족이 경미한지 심각한지에
따라 이 문제를 해결하기 위해 몇 가지 다른 전략을 구사
한다.

어떤 식물은 철을 결합하고 운반하는 사이드로포어
siderophore라는 화합물을 활용해 철의 흡수를 증가시킨
다. 이 전략은 벼과식물이 가장 흔히 사용한다.[17] 사이드
로포어는 뿌리를 통해 토양으로 분비되어 철과 복합체를
형성한다. 철–사이드로포어 복합체는 수송체라고 하는
특수 단백질을 통해 흡수된다.[18] 그다음 식물세포는 철을
불용성에서 용해성 형태로 전환하고, 용해성 철이 대사
에 이용되기 위해 방출된다.

다른 식물들, 주로 벼과식물이 아닌 외떡잎식물(즉 벼
과 외의 초본식물)과 쌍떡잎식물은 철을 얻기 위해 다른 전
략들을 사용한다.[19] 그중 하나는 뿌리에서 양성자를 방출
해 토양 산도를 높임으로써 철의 용해성을 증가시키는

전략이다. 또 다른 전략은 사이드로포어를 합성하는 특
정한 토양 미생물과의 관계에 달려 있다.[20]

　　철 외에도 식물의 생리와 구조, 기능에 필수적인 영양
소들이 있다. 질소는 아미노산(단백질의 구성단위)과 엽록
소의 구성성분으로서 중요한 역할을 한다.[21] 철과 마찬가
지로 단기적인 질소의 부족은 질소의 흡수와 이용을 증
가시키는 반응을 촉발한다. 이러한 반응으로는 뿌리 형
태의 변화 같은 구조적 또는 발달적 변화가 있다.[22] 질소
결핍이 장기간 지속되지 않는 한 식물은 질소 고정을 증
가시키기 위해 근계를 증식하기 시작한다. 이 시점에서
식물은 생존이나 생식을 위한 에너지를 보존하기 위해
뿌리의 발달을 제한할 수 있다.[23] 뿌리 증식에는 상당한
에너지가 투입되며 위험할 수 있다. 식물은 보다 광범위
한 근계를 형성하기 위해 에너지를 투입하면 질소 농도
가 높은 토양을 만날 가능성이 증가할 것이라고 도박을
걸고 있기 때문이다.

　　또 자원을 얻기 위한 식물의 다른 전략에서와 같이
식물은 개별적 혹은 협력적 반응을 선택할 수 있다. 이는
질소의 이용 가능성과 관련해서도 마찬가지다. 다수의
식물은 질소 고정 박테리아와 시너지 효과를 내는 관계

를 형성함으로써 이용 가능한 질소가 낮은 조건에 반응
한다. 이 박테리아는 뿌리 내부나 뿌리혹으로 알려진 조
직 또는 뿌리 표면에 자리 잡을 수 있다.[24] 이 공생 상호작
용은 두 당사자 모두에게 이익이 되는 상호 교환을 전제
로 한다. 식물은 박테리아에 탄소를 제공하고 박테리아
는 질소를 식물이 쉽게 흡수할 수 있는 형태로 만든다.

식물에 필요한 또 다른 중요 영양소는 인이지만, 토
양에 자연적으로 존재하는 인의 양은 상대적으로 적다.[25]
인은 세포막에 존재하는 에너지 저장 분자 ATP와 인지
질뿐 아니라 핵산 DNA와 RNA의 구성 요소이기 때문에
식물의 발달과 생장, 유지에 매우 중요하다.[26] 인이 부족
하면 식물은 몇 가지 다른 전략을 추구한다. 한 가지 전략
은 철이 부족한 조건에서 일어나는 반응과 유사하게 양
성자를 방출해 토양 산도를 변화시킴으로써 인의 용해
성을 높이는 것이다.[27] 장기적인 적응 과정에서는 뿌리를
증식하는 데 더 많은 에너지를 투입할 수 있다. 이 반응은
질소가 부족한 조건에서 관찰되는 반응과 유사하다.[28]

질소 부족과 마찬가지로 인이 부족한 조건에 대응하
기 위한 장기적 해결책은 협력이다. 2장에서 살펴보았듯
이 몇몇 식물은 균근을 형성해 균류와 상호작용하는 능

력을 진화시켰다. 이 공생관계를 통해 식물은 토양에서
인을 더 효율적으로 흡수할 수 있다.[29]

식물이 영양소의 이용을 늘리기 위해 공생관계를 맺
을 때도 여전히 위험을 감수하고 있다는 사실을 유념할
필요가 있다. 식물은 공생관계를 형성하기 위해 에너지
를 쏟을 때 호혜성을 믿으며, 자원을 더 잘 이용하면 적응
도와 지속성이 개선되리라 믿는다. 따라서 식물은 자원
을 더 많이 얻기 위해 협력해서 얻는 이익이 협력자인 균
류에 제공하는 당분을 생산하는 비용보다 더 클 것으로
예상한다. 하지만 항상 그렇지는 않다. 어떤 조건에서는
식물이 소비하는 탄소 비용이 그 대가로 받는 영양소의
이득을 능가하면서 근균 연합은 공생관계에서 기생관계
로 변한다.[30]

영양소의 이용 가능성과 위험 판단에 근거해 그들의
행동을 변화시키는 것과 마찬가지로, 식물은 필수적이면
서 가변적인 또 다른 환경 요인, 특히 빛과 물의 이용 가능
성도 고려해야 한다.

식물이 음지 때문이든 경쟁 때문이든 적절한 빛을 이
용하지 못하면, 그 식물은 반드시 적응해야 한다. 이용 가
능한 빛이 부족한 환경에서 장기적인 구조적 적응 방식

은 잎의 구조를 변화시키는 것이다. 양엽陽葉으로 알려진, 충분한 햇빛을 받으며 자라는 잎들은 두꺼우며 해면엽육세포보다 책상조직세포를 더 많이 가지고 있다. 책상조직세포에는 광합성의 엔진인 엽록체가 많은 반면, 잎의 내부 조직을 구성하는 해면엽육세포에는 엽록체는 적고 세포간극은 더 많다. 양엽과 비교해 음엽陰葉은 더 얇고, 엽록소를 적게 가졌으며, 책상조직보다 해면엽육세포를 더 많이 가졌다.[31]

잎을 만드는 일은 비용이 많이 드는, 따라서 위험한 투자다. 특정한 잎의 구조는 특정 환경에서 빛을 포착해 화학적 에너지로 변환하는 과정을 최적화한다. 하지만 같은 잎이라도 다른 환경에서라면 효율이 떨어질 것이다. 음지에서 양엽은 제대로 기능하지 못한다. 이용 가능한 빛에 비해 엽록소가 너무 많기 때문이다. 그리고 음엽은 빛이 강한 조건에서는 광독성에 취약하다. 고유한 잎의 구조와 여타 음지와 관련 있는 생리에 에너지를 투입하는 대신 그만큼 광보호색소를 적게 생산하기 때문이다.[32] 따라서 잎의 구조에 에너지를 투입하는 선택에는 위험이 따른다. 잎의 형태에 걸맞지 않은 빛 환경에서 자랄 수도 있기 때문이다. 식물은 노출되는 특정 환경이나 자원의 수준(풍부 또는 부족)이 단기적인지 장기적인지를 판단함으로써 이런 위험들을 따져본다. 어떤 조건이 장기적으로 지속될 듯 보인다면 잎의 구조를 변화시키는 위험을 감수하는 것이 바람직할 수 있다.

또 새로운 싹이나 가지를 키우는 것처럼 식물 구조의 다른 측면을 변화시키는 것과 관련된 위험도 있다. 식물은 환경적 위험을 관리하기 위해 새 가지(신초shoot branch)의 수와 크기를 조절할 수 있는데, 가지를 분화해 발달시키는 것은 에너지적으로 비용이 많이 드는 과정이다. 어떤 상황에서는 가지와 잎에 추가로 에너지를 투입하는 것이 이득이 되기도 하는데, 꽃을 더 많이 피워 종자를 많이 생산할 수 있어서다. 그러나 다른 상황에서는 환경 조건이 더 나빠지기 전에 생장을 제한하고 빨리 개화하는 것이 바람직할 수 있다. 지중해의 한해살이 식물을 연구한 연구진은 식물이 환경 신호의 신뢰성을 바탕으로 광범위한 식물 구조에 에너지를 투입하는 위험성과 잠재적 비용을 판단하는 것을 발견했다. 이 식물은 물의 이용 가능성 같은 신뢰할 수 없는 신호보다는 낮 길이와 같은 신뢰할 수 있는 신호에 더 반응하여 생장 패턴을 조절했다.[33]

위험과 관련된 또 다른 행동은 물 보존과 관련이 있다. 잎에는 기공이라는 작은 구멍이 있어서, 그 구멍을 통해 이산화탄소를 흡수하고 수증기를 배출한다. 식물은 수분 평형을 통제하기 위해 기공의 개폐를 조절하고, 위험을 고려하면서 다양한 전략을 진화시켰다. 식물학자는 수분 상태를 조절하는 방법에 따라 식물을 크게 두 개의 범주로 나눈다.

등수성isohydric 식물은 건조한 조건에서는 수증기 배출을 막기 위해 기공을 닫아 잎의 수분 함량을 비교적 일정하게 유지한다. 이 전략은 수분을 보존하긴 해도 이산화탄소의 흡수량을 줄여 광합성률과 에너지로 사용되는 탄수화물 화합물의 생산을 감소시키는 단점이 있다. 비등수성 식물은 잎의 수분 함량을 일정하게 유지하지 않는다. 건조한 조건에서는 기공을 더 오래 열어두어 더 높은 광합성률을 유지한다. 기공을 계속 열어두는 것은, 식물이 지나치게 메마를 수 있어 위험하다. 그러나 이 식물이 살아남는다면, 수분을 보존하기로 선택한 식물에 비해 적응도 면에서 이점이 있을 것이다. 왜냐하면 광합성 생산성을 유지할 수 있었기 때문이다.[34]

지금까지 살펴보았듯이 식물은 기회들을 고려해 에너지를 어디에 투입할지 결정할 때 끊임없이 위험을 감수한다. 에너지를 제대로 투입하지 못한 식물은 생존하지 못할 것이고, 결정을 잘 내린 식물은 번성할 것이다.

길가에서 자라는 모든 식물과 마찬가지로 프레리애스터는 즉각적인 환경 조건에 반응할 때 위험을 가늠해야 하지만, 전체적인 삶의 전략은 도박에 가깝다. 이 식물은 여러 해를 사는 식물과는 다른 생활사를 진화시켜 왔다. 일년생 야생화는 문자 그대로 햇빛이 비치는 '기회의 창window of opportunity(놓치면 안 되는 절호의 타이밍을 뜻하는 관용적 표현—옮긴이) 동안 모든 에너지를 생장에 쏟으며 빠르게 자란다. 그들의 삶은 짧아서 더 오래 사는 식물보다 포식자를 피할 확률이 더 높다. 일년생 야생화가 생존해 번식하면, 다음 생장 시기에 혹은 혼란스러운 시기가 끝난 후에 언제든 나타날 준비를 하며 땅속에 종자를 안전하게 보관해 둘 것이다. 그러는 동안 더 큰 다년생 식물이 생태계에 나타나 우위를 점하기 시작할 것이다. 장기적으로는 일년생 식물이 감수한 위험은 결실을 얻는다.

식물이 택하는 위험 감수 행동과 위험 회피 행동은 우

리 인간이 본받아 마땅할 현명한 존재의 방식을 드러낸
다. 식물은 잠재적 위험을 파악하고 의사 결정을 하는 데
지침이 되는 정보를 제공하는 환경을 세심하게 감지한
다. 식물은 어떤 자원이 부족한지, 특정한 자원의 부족을
완화하는 데 도움이 되는 어떤 협력자와 관계를 형성할
지, 자원 획득의 개선을 위해 어떻게 협력 관계를 시작하
고 유지할지 가늠한다. 식물은 어떤 위험을 감수하냐에
따라 어디에 에너지를 할당할지 결정한다. 생존하고 번
성하기 위해 그들은 빛과 물, 영양분의 이용 가능성을 비
롯해 가까이에 있는 식물과 박테리아, 균류, 다른 유기체
등 주변의 모든 측면을 끊임없이 살피고 가늠해야 한다.

　우리 인간도 식물이 하는 방식으로 우리 주변을 더 세
심하게 감지하고, 위험을 가늠하고, 서로를 돕는 방법을
배울 수 있다. 목표가 개인의 성장이든 공동체의 성장이
든 간에 우리는 서로의 장단기 목표와 기회, 그리고 우리
의 자원을 할당하고 재배분하는 방식과 환경적 요인에
맞춰 조절하는 개인적 또는 직업적 전환의 적절한 시기
에 관한 결정을 지지해야 한다. 이런 과업을 수행하기 위
해서는 능숙하게 환경을 예의 주시해야 한다. 우리는 우
리의 모든 활동에 대해 특정 기간 내 이용할 수 있는 한정

된 에너지를 가졌으므로, 어디에 에너지를 쏟고 어떤 위
험을 감수할지 주의해 결정해야 한다. 식물과 마찬가지
로 인간도 역동적 환경에서 성장과 성공을 극대화하기
위해 유한한 에너지 자원을 사용하는 방식과 관련해 전
략적 결정을 내려야 한다.

욕망은 식물을 매우 용감하게 만들어 식물은 자신이 바라는 바를 찾을 수 있으며, 또 매우 섬세하게 자신이 찾은 것을 느낄 수 있다.

_에이미 리치Amy leach, 《존재하는 것들》*Things That Are*

4
적극적으로 참여해 환경 변화시키기

나는 매일 차로 출근하면서 버려진 공장 터 옆을 지나간다. 해가 지나면서 계속 변화하는 그곳을 눈여겨보았다. 처음에는 불모지였다가 풀로 뒤덮이더니 지금은 꽃식물, 작은 덤불, 어린나무들로 이루어진 군락의 서식처가 되었다. 그 황량하던 공간이 여러 식물이 번성해 어우러진 군락이 되는 과정을 지켜보는 것은 줄곧 대단히 흥미진진했다. 나는 식물이 그 땅을 풍요로운 생태계로 점차 변화시키는 것을 목격했다.

도시의 이 터에서 일어난 점진적 변화는 화산 폭발이나 홍수 같은 재난 이후 야생에서 일어나는 과정과 비슷하다. 화산의 분화 이후 용암은 산허리를 따라 흘러내리면서 지나가는 길에 만나는 모든 것을 태우고 초토화하다가 결국 식어 굳으면서 땅을 뒤덮는다. 그로 인해 새로운 서식지가 생겨나는데, 대체로 살아 있는 유기체라고는 전혀 없는 불모의 땅이다. 이런 상황이 1980년 세인트헬렌스산에서 벌어졌다. 화산 폭발에 이어 산 일부가 붕괴해 산사태까지 발생했다. 이 사건의 여파로 일대는 완전히 파괴되고 대규모의 땅이 빈터가 되었다. 하지만 결국 다시 식물들이 자라기 시작했다. 몇몇 씨앗들이 토양에 남아 싹을 틔울 수 있었다. 다른 식물의 씨앗들은 새나 바람에 의해 그 지역으로 유입되었다. 그리고 어떤 식물은 화산 폭발에서 살아남은 뿌리나 가지에서 새로 돋아났다.[1] 이 같은 교란 후에 식물이 정착하는 속도는 이용 가능한 수분의 양뿐 아니라 군락을 이루기 시작한 식물들이 뿌리를 내려 화산재나 굳은 용암에 존재하는 제한된 영양분으로 생존할 수 있는 능력에 따라 결정된다.[2]

우리는 지금까지 식물이 어디에 자리를 잡게 되든지 간에 주변에 무슨 일이 일어나는지 감지하고 적응하면서 나아가 자신이나 환경을 변화시키면서까지 생장과 존속을 이어가는 것을 살펴보았다. 식물은 그런 놀라운 능력으로 번성할 수 있었다. 이 장에서는 자신이 필요로 하는 자원을 더 쉽게 사용할 수 있도록 환경을 변화시키는 식물의 능력을 중점적으로 다룬다.

화산 폭발은 식물의 생태계를 변화시키는 생태계 교란의 한 사례에 불과하다. 또 다른 예로 화재가 있다. 화마가 대지를 할퀴고 지나가 생태계를 교란하고 나면 토양은 대체로 척박해지며 침식되거나 아니면 일부 유기물이나 초목이 남아 있을 수도 있다.[3] 식물은 결국 다시 돌아오는데, 때로는 꽤 빠르게 나타난다. 화재 이후 어떤 종이 계속 살아가거나 출현할지는 화재의 강도, 소실 전 종의 구성, 토양 속에 저장된 휴면 종자의 구성 등 수많은 요인이 결정한다. 여러 소나무, 유칼립투스, 세쿼이아, 사시나무, 자작나무와 같은 일부 종자의 발아는 불이나 연기에 의해 활성화된다.[4] 여러 벼과식물과 참나무, 유칼립투스 같은 식물은 불이 난 후 뿌리에서 소생할 수 있다.[5]

1986년 방사능 유출 참사가 벌어진 우크라이나의 체르노빌처럼 매우 유독한 환경에서도 식물은 다시 정착했다.[6] 구주소나무Scots pine 등 여러 침엽수는 방사능에 매우 민감해서 원전 사고 이후 모두 죽었다. 방사능에 강한 편인 낙엽수가 다시 자라나면서 땅은 비교적 빠르게 재생되었다.[7] 그러나 이 지역의 모든 나무가 다 죽은 것은 아니었고, 살아남은 나무들은 귀중한 연구 자료를 제공했다. 방사능 참사가 사고 전후 나무의 생장과 회복에 미친 영향을 조사하기 위해 과학자들은 나무에서 목편core을 추출했다. 그들은 목재의 품질뿐만 아니라 연륜 생장을 가늠하는 좋은 대용물인 나이테의 폭을 측정하기 위해 목편을 조사했다.[8]

나이테는 관다발 형성층이라는 얇은 세포층에 의해 형성되는데, 이 세포층에서 물관부xylem(목질부라고도 한다―옮긴이)로 알려진 물 전도 조직이 형성된다. 물관부가 우리가 목재라고 부르는 부분을 구성한다.[9] 각 나이테는 1년 동안 물관부의 생장을 나타내며, 나이테의 폭은 상대적인 연간 생장량을 나타낸다.

나무의 바깥에서 중심으로 뻗은 목편의 나이테 폭을 비교하면 계절에 따른 생장의 변화를 알 수 있다. 다공성多孔性 같은 나무의 성질도 목편으로 연구할 수 있다.[10] 체르노빌의 나무 목편을 조사한 연구진은 노출된 방사능 수치가 높을수록 나무가 더 천천히 생장한 것을 발견했다. 나무들은 방사선 노출이 가장 높았던 사고 직후에 가장 느리게 성장했다. 방사선에 노출된 나무는 사고 후 최대 10년 동안 생장과 목재 조성에 있어 뚜렷하게 구분되는 장기적 영향을 받은 것으로도 보였다.[11]

방사선은 나무에 직접적인 악영향을 끼칠 뿐 아니라 나무의 정착과 생장, 존속에 영향을 미치는 생태계의 다른 부분까지 영향력을 확장했다. 일례로 방사선으로 인해 토양에 살면서 낙엽을 분해하는 수많은 무척추동물과 박테리아, 그리고 숲 바닥에 모이는 여러 유기 잔해가 사라졌다. 토양의 건강을 보충하고 유지하는 자연 과정에 일어난 혼란은 토양 생태계에 커다란 변화를 가져왔고 수많은 식물 종의 생장을 저해했다.[12]

식물은 동물보다 회복력이 강하고 재해에서 회복되는 속도가 빠르므로 훼손된 환경을 소생시키는 데 있어 필수적이다. 식물은 재해에서 회복하는 특별한 능력을 어떻게 갖추었을까? 가장 큰 이유로는 동물과 달리 식물은 그들의 생활환 내내 새 기관과 조직을 만들 수 있기 때문이다. 이 능력은 식물 분열조직의 활동 때문이다. 즉 뿌리와 어린싹의 미분화된 조직영역인 분열조직은 특정한 신호에 반응해 새 조직과 기관으로 분화할 수 있다. 재해 중에 분열조직이 손상되지 않으면 식물은 회복될 수 있고, 궁극적으로 파괴되거나 척박해진 환경을 탈바꿈시킬 수 있다. 벼락에 맞은 나무의 오래된 손상 부위에서 가지가 돋아나 자랄 때 미약하게나마 이러한 현상을 확인할 수 있다. 식물의 재생이나 재발아 외에도 생태계가 교란된 지역은 새로 종자를 뿌려 회복시킬 수 있다.

체르노빌 주변에서 자라는 초목을 연구하는 과학자들은 방사선의 악영향을 감소시키는 또 다른 방어 반응을 발견했다. 방사선은 모든 유기체에서 해로운 유전적 돌연변이를 일으키지만, 수년 동안 방사선에 노출된 식물은 자신의 유전체를 안정시키는 데 도움이 되는 적응 방식들을 고안했다.[13] 이는 식물이 얼마나 회복력이 강한지뿐 아니라 환경에서 존속하고 잠재적으로는 환경을 변화시키는 능력을 뚜렷하게 보여준다. 환경적 도전에 직면해 회복성을 유지하는 능력은 물론 존속과 끊임없는 생장 및 번성을 통해 환경을 변화시키는 식물의 능력은 인간이 받아들여 마땅할 중요한 특성이다.

화산이나 화재 등 재해 이후 식물과 동물, 미생물이 환경으로 돌아오면서 생태계의 구성과 구조는 흔히 예측 가능한 방식으로 변화한다. 가령 풀들이 먼저 나타

나고 그 뒤를 이어 관목과 나무가 차례로 나타난다. 생
태학자들은 이러한 장기적 변화를 지칭하기 위해 '천
이'succession라는 용어를 사용하며, 두 가지 부류의 천이,
즉 1차 천이와 2차 천이로 구분한다. 1차 천이는 굳어진
용암류나 바다에 새로 생겨난 섬처럼 토양이 없는 땅이
나 암석층에서 일어난다. 2차 천이란 초목과 토양이 전부
소실되지 않은 화재나 홍수처럼 비교적 덜 극심한 교란
이 일어난 이후에 군락이나 생태계가 형성되는 것을 뜻
한다.[14]

예상할 수 있겠지만, 큰 교란 이후 어떤 종이 처음 등
장할지, 그리고 시간이 흐르면서 어떻게 그 종들의 구성
이 변할지 수많은 요인이 영향을 미친다. 그러한 요인으
로는 영양소와 빛(빛의 양과 스펙트럼 특성)의 이용 가능성
이 있다. 다양한 식물 종을 제거하고 추가하는 실험을 통
해 생물학자들은 천이 패턴이 한 지역에 존재하는 특정
종들과 그들 사이에 일어나는 상호작용에 강하게 영향을
받는다는 사실을 발견했다.[15] 천이에 영향을 미치는 또
다른 요인은 기후 변화와 침입종(해당 서식처의 토착종이 아
니며, 생태적 혹은 경제적 해를 야기하는 종)이다.[16]

천이가 진행되면서 토양의 특성 같은 생태계의 다른

측면과 마찬가지로 군락의 구조는 변화한다.[17] 식물의 개별 종들이 군집화와 정착, 생장과 생존의 과정을 통해 현지 환경에 적응하는 능력은 전반적인 천이 패턴에 상당한 영향을 미친다.[18]

산불 같은 되풀이되는 교란 이후 어떤 식물 종이 번성할지 결정하는 수많은 속성이 있다. 이러한 속성에는 교란 시기 내내 존속하는 방법, 정착 메커니즘, 중대한 생애 단계(생식 및 노쇠)에 도달하기까지 걸리는 시간 등이 있다. 존속성은 어떤 종이 교란 이후 되돌아올 수 있는 속성을 가졌는지와 관련이 있다. 토양에 독자적 생존이 가능한 씨앗이 있을지도, 혹은 살아남은 뿌리에서 싹을 틔울 수 있을지도 모른다. 정착 메커니즘에는 생태계 교란 이후 식물이 생장하고 번성하는 방식이 포함된다. 자원을 얻고자 경쟁하는 능력 같은 요인에 따라 어떤 식물은 빠르게 정착하는 반면 또 다른 식물은 늦게 자리 잡는다. 중요한 생애 단계에 도달하기까지 걸리는 시간도 중요하다. 예를 들어, 성숙해 번식하는 데 필요한 시간은 어떤 종이 얼마나 빠르게 우위를 점할 수 있는가에 영향을 미친다.[19]

천이 패턴은 천차만별의 양상을 보이지만, 과학자들

은 세 가지 뚜렷한 경로, 즉 촉진과 용인, 억제로 나누자고
제안했다. 이 경로는 천이 과정에서 일찍 정착한 종이 나
중에 도착한 종의 정착을 촉진하는지, 용인하는지, 억제
하는지에 따라 구분된다. 촉진 경로는 1차 천이에서 더 흔
하게 나타나는 반면 용인 경로는 토양과 영양분을 쉽게
구할 수 있는 2차 천이의 특징일 때가 많다. 억제는 정착
한 식물 종이 경쟁 종의 침입을 저해할 때 발생한다. 이 억
제 상태는 정착한 종이 노화하거나 상당한 피해를 입을
때까지 지속되며, 어떤 경우든 간에 그 결과 다른 종들이
자원을 이용할 수 있게 되어 서식 가능한 틈새를 찾아낸
다.[20]

　식물 간 경쟁은 분명히 천이에 중요한 역할을 하지만,
다른 유기체와의 상호작용도 영향을 미치는데, 여기에
는 병원균의 존재뿐 아니라 방목 동물이나 초식동물이
포함된다.[21] 초식동물은 식물의 생장과 종자 생산을 제
한할 수 있으며, 따라서 식물의 확산과 존속성을 억제한
다.[22] 또 토양의 질소 역학과 화학적 특성, 그리고 식물과
식물 군집의 생활환 및 존속성에 미치는 동족의 피드백
효과에 영향을 미친다. 초식동물은 질소가 풍부한 조직
을 가진 식물을 즐겨 섭취하는데, 이로써 그러한 식물의

생물량을 감소시켜 질소 같은 영양소의 순환을 줄일 수 있다.[23] 따라서 천이가 일어나는 동안 초식동물은 식물의 회복률에 퇴보를 가져오거나 종의 역학 관계에 변화를 일으킬 수 있다.

　1차 천이에서 척박한 환경에 출현한 첫 번째 식물을 선구 식물pioneer이라고 한다. 이 식물 종들은 심각한 환경적 어려움 속에서도 생장할 수 있다. 보도나 진입로의 갈라진 틈에서 싹을 틔우는 식물이 바로 선구 식물이며, 이들은 굳은 용암에서도 나타난다. 이 식물들은 가장 미세한 틈 속의 수분을 추적하는 능력이 있어 수분에 접근하기 어려운 절벽 끝이나 부스러진 아스팔트에서도 자랄 수 있다. 생활사 전략으로서 생존에 결정적인 수분이나 햇빛에 접근할 (아마도 일생에 한 번 있을) 제한적 기회가 그러한 공간에서 생장하는 위험보다 더 중요할 것이다.

　선구 식물은 일반적으로 필요로 하는 자원이 아주 적으며, 자연의 훌륭한 청소부다. 다양한 종류의 토양에서 자랄 수 있고, 영양소 공급이 매우 낮아도 대처할 수 있다. 실제로 많은 선구 식물이 철 같은 특정 영양소의 용해성을 증가시키는 화합물을 분비하거나 혹은 균근을 형성하

는 질소 고정 박테리아나 균류 같은 다른 유기체와 관계
를 맺어 영양소의 이용 가능성을 높일 수 있다.[24] 선구 식
물은 뒤에 도착하는 식물들을 위한 생육 조건을 개선하
는 여러 가지 효과를 만들어낸다. 토양의 pH를 변화시켜
다른 식물에 더 유리한 환경을 조성하며, 선구 식물이 있
어서 토양의 안정성은 증가하고 바람으로 인한 피해가
감소한다.[25]

나지	선구 식물	두 번째 유입 식물	성숙한 초목
	(일년생, 벼과식물)	(다년생, 관목)	(나무)

1차 천이는 화재, 홍수, 화산 폭발 같은 심각한 생태계 교란을 겪
은 척박한 환경에서 시작된다. 먼저 선구 식물이 출현한다. 이 식
물은 적은 자원을 필요로 해서 영양이 부족한 토양에 뿌리 내릴
수 있다. 선구 식물은 토질을 개선해 자원을 더 많이 필요로 하는
두 번째 유입종이 정착할 수 있게 한다. 궁극적으로 생태계의 지
속적인 개선과 변화를 통해 비옥한 토양을 필요로 하고 음지에서
자랄 수 있는 여타 식물들과 함께 나무들이 생겨난다.

선구 식물은 생장하면서 보도나 포장도로 또는 용암 아래 있을지 모르는 토양에 접근하는 경로를 제공하거나 단단하게 다져진 토양을 풀어주는 등 더 많은 자원을 이용할 수 있도록 환경을 변화시킨다. 각 개체는 더 큰 생태계의 기후와 다를 수 있는 국지적 기후인 새로운 미기후 microclimate를 만든다. 이런 미기후는 식물의 생장을 지원할 뿐 아니라 앞서 출현한 강인한 식물보다 더 많은 자원이 필요한, 나중에 출현하는 종이 성공적으로 정착하도록 돕는다.[26] 어떤 선구 식물은 뿌리를 생장하고 확장하거나 혹은 뿌리에서 산이나 다른 부식성 화학물질을 분비해 작용하는 기계적 힘을 통해 바위나 용암을 부술 수 있다.[27]

이렇게 처음 출현한 식물은 보통 밝은 빛에 노출되는 지역의 건조한 토양에서 자라도록 적응되어 있다.[28] 이 식물은 죽어 분해된 후 토양을 형성하고 토질을 비옥하게 하는 데 기여한다.[29] 여러 다른 방법을 통해 토양의 미네랄과 영양소는 일반적으로 시간이 흐르면서 증가하지만, 이런 변화는 1차 천이 동안 서서히 일어난다. 한정적인 자원은 군락의 성장과 발전을 계속 제약할 수 있다.[30] 천이의 속도는 선구 식물 이후에 나타나는 종의 특성에도 영향을 받는다.

1차 천이에서 두 번째로 유입되는 식물은 조금 더 많은 영양소가 있어야 한다. 하지만 이 식물은 일반적으로 영양소가 특별히 풍부하다고 여겨지지 않는 토양에서도 자랄 수 있다. 선구 식물과 마찬가지로 이 식물은 흔히 희박한 영양분을 얻는 데 능숙하거나, 자원을 이용하기 더 쉬운 상태로 전환하도록 돕는 유기체와 협력한다. 이렇게 두 번째로 유입된 식물의 활동 덕분에 자원이 풍부해지고 토양은 접근하기 쉬운 환경으로 변화해, 더 많은 영양소와 비옥한 토양이 필요하거나 음지나 빛이 약한 환경에서도 자랄 수 있는 또 다른 식물이 유입되어 번성하기 시작한다. 여러 식물 종이 차례로 정착해 번성하면서 더욱 다양한 생태계가 조성되지만, 우점종(식물 군집 안에서 가장 수가 많은 종—옮긴이)이 안정적으로 세력을 넓혀가는 과정에서 다른 종의 유입을 억제할 수 있으므로 다양성은 천이의 초기 단계에서 더 높을 수 있다.[31] 교란된 환경에서 천이의 순서에 영향을 미치는 식물의 특성은 어린 식물의 정착과 관련되어 있다. 어린 식물이 성공적으로 발아해 뿌리를 내리는 능력은 진화의 역사와 현지의 생태조건에 따라 달라질 수 있다.[32]

홍수는 화산 폭발과는 다른 종류의 교란이다. 홍수 역시 광범위한 생태계의 교란을 초래할 수 있지만 생태계를 완전히 파괴하지는 않는다. 허리케인 때 일어나는 홍수처럼 거대한 홍수는 흔히 수많은 작은 식물을 죽이고, 다른 식물을 뒤덮어버리는 흙이나 모래, 진흙을 침전시킨다. 큰 식물과 나무는 살아남을 가능성이 높지만 심각한 물리적 손상을 입을 수 있다. 홍수나 바람, 산불 또는 심각한 피해를 일으키는 또 다른 문제로 인해 생태계가 교란된 이후 2차 천이가 일어난다. 식물을 비롯해 다른 살아 있는 유기체가 완전히 제거되지 않은 이 지역은 후에 다시 식물이 유입되거나 서식하게 된다.

2차 천이의 경우 선구적인 종은 1차 천이 시기에 번성하는 식물과는 다소 다른 특성을 보인다. 영양소를 더 많이 얻을 수 있을 뿐 아니라 토양에 접근하기도 쉽기 때문이다. 2차 천이가 1차 천이 시기보다 자원 경쟁이 덜한 편이다.[33] 생태학의 원칙에 따르면, 그 어떤 두 종도 같은 생태적 지위를 차지할 수 없다(즉 같은 생태적 역할을 할 수 없다). 한 종은 다른 종보다 우위를 차지할 것이다. 천이 시기 동안 한 종이 다른 종을 대체하는 과정은 한 군락에서 다양한 속도로 일어나며, 궁극적으로 종 다양성에 영향을 미친다.

종의 다양성은 몇 가지 다른 방법으로 측정될 수 있다. 생태학자들은 흔히 특정 구역에서 발견되는 종의 수를 알파 다양성이라고 하고, 한 지역의 각기 다른 구역들 사이에서 종 구성에 나타나는 변화를 베타 다양성이라고 한다.[34] 특정 구역에서의 다양성은 각기 다른 종들이 얼마나 수월하게 땅 사이를 이동할 수 있는지 등 여러 요인에 영향을 받는다.[35] 알파 다양성은 보통 천이 과정 동안에는 증가하지만, 일부 생태계에서는 시간이 지남에 따라 환경 안정성이 발달하면서 그 후에는 다양성이 감소할 수 있다.[36]

지금까지 우리는 자연환경의 과정들에 관해 이야기해왔다. 도시 경관과 인간에 의해 변화된 땅에서는 다양성이 다른 패턴을 따른다. 인간의 개입은 지역의 다양성을 변화시키고 식물의 개체 통계에 영향을 미치는 중요한 요소다. 일례로 인간의 개입이 적은 공터에는 다양한 종류의 수많은 식물이 자라지만, 일반적으로 동일한 식물이 모든 공터에서 발견된다(즉 알파 다양성은 높지만 베타 다양성은 낮다). 이와 대조적으로 가정 정원은 각각의 정원에서 자라는 식물의 종 수는 적지만 정원 간의 식물에는

많은 차이가 있었다(알파 다양성은 낮지만 베타 다양성은 높음
을 뜻한다).[37]

　　뿌리는 식물의 정착과 변형적 특성에 미치는 영향으
로 인해 천이에서 중요한 역할을 한다. 우리의 발 바로 아
래 땅속에 존재하는 뿌리는 토질에 영향력을 행사하고,
따라서 전 생태계에 영향을 미친다. 식물의 건강은 대부
분 뿌리의 활동과 기능에 의해 결정된다. 식물의 건강은
꽃과 열매를 맺는 능력으로 가늠할 수 있지만, 생식에 필
요한 영양분을 공급하는 것은 바로 뿌리다. 식물은 토양
에서 영양소를 섭취하고, 3장에서 살펴보았듯 영양소가
부족할 때면 뿌리의 형태(모양, 길이, 가지의 분기)를 변경하
거나, 영양소의 용해성을 높이고자 화합물을 분비한다.
이러한 작용은 토질을 변화시키고 박테리아와 균류의 협
력적 상호작용을 촉진한다.

　　지구 생태계에서 가장 역동적인 부분은 뿌리털에 달
라붙는 토양층인 뿌리덮개rhizosheath와 뿌리를 둘러싼
토양인 근권rhizosphere 등 뿌리와 관련된 부분이다.[38] 이
런 토양 요소들과 관련된 활동은 식물의 정착과 존속, 변
형 능력의 여러 측면을 촉진한다. 뿌리의 물리적 구성과

뿌리에 의해 생성되는 화합물 모두 뿌리덮개의 생성과
근권의 특성 및 기능에 영향을 미친다. 토양이 단단하게
다져져 있는지 아니면 푸슬푸슬 풀어져 있는지 혹은 영
양소가 부족한지 풍족한지는 종자의 정착과 식물의 수명
에 직접적인 영향을 미친다.[39] 이런 뿌리의 반응은 토양
의 특성을 전적으로 변화시키고 결국 토양 내 모든 서식
자의 생리와 생태에 영향을 미칠 수 있다. 이러한 활동은
참으로 변화무쌍하다.

　뿌리의 가소성(환경 조건에 반응해 변하는 능력)은 삼출
물(스며서 나오는 물질—옮긴이) 생성처럼 생화학적이거나
구조적인 변화를 수반하는 물리적 특성일 수 있다. 식물
의 뿌리는 용질과 탄소를 배출하고 환경에서 오는 신호
에 반응해 구조적인 차이를 보이며, 그 결과 토양 생태계
에 변화를 가져온다. 일례로 뿌리 구조는 토양 내 물 역학
에 영향을 미칠 수 있다.[40] 뿌리의 구조와 생물량의 변화
는 예상하건대 토양 다짐에 변화를 주어 토양 공극성(자
연 상태의 흙 속에 들어 있는 틈의 비율—옮긴이)를 조정하고, 결
국 물이 흡수되고 토양으로 흐르는 방법을 변화시켜 궁
극적으로 수분 흡수 같은 식물의 반응에 영향을 미칠 수
있다. 뿌리 삼출을 비롯한 일부 반응은 일시적으로 조절

될 수 있으며, 이는 식물이 신속하면서도 원상태로 되돌
릴 수 있는 방식으로 적응하게 한다.[41] 뿌리 구조의 변화
같은 기타 반응들은 장기적이며 토양, 더 나아가 생태계
전체의 영구적 변화를 초래한다.

  뿌리의 기능과 관련한 생태계의 역동성은 대부분 식
물 뿌리의 삼출물 생성과 분비, 그리고 공생관계의 미생
물에서 기인한다.[42] 뿌리 삼출물은 토양 내 무기물과 영
양소의 용해성(토양의 화학적 성질)을 변화시키고, 알루미
늄 같은 배설된 유해 물질을 해독할 수도 있다.[43] 뿌리가
분비하는 물질 중 근권에 상당한 영향을 미치는 것은 점
액질이다. 점액질은 당분과 글리콜, 인지질을 포함한 젤
라틴 형태의 액체 물질이다.[44] 점액질은 일부 식물의 내
건성에 이바지하는 것으로 보인다. 즉 수분을 물관부로
운반하는 뿌리의 능력, 근권의 수분 유지, 점액질이 부족
한 주변 토양에 비례해 물의 흡수를 증가시키거나 크게
변화시킬 수 있다.[45]

  식물은 또한 계면활성 물질(습윤제나 분산제) 역할을
하는 지질 기반 화합물을 합성하고 분비한다. 이 화합물
들은 뿌리의 흡수와 식물의 이용을 위해 자원의 이용 가
능성을 증가시킨다. 계면활성 물질은 인과 질소 기반 화

합물의 용해성을 증가시키는 것으로 밝혀졌다.[46] 자원의 이용 가용성 증가를 비롯한 토질의 변화는 미생물의 생리와 과정에도 영향을 미치며, 이는 나아가 식물의 생장을 지탱하는 토양의 생화학적이고 생물리학적 특성을 변화시킨다.

점액질과 계면활성 물질의 생성과 기능은 식물이 배출하는 산물이 토양 서식지를 어떻게 탈바꿈할 수 있는지 보여주는 강력한 예다. 그러나 식물은 식물 군락, 특히 지하를 구성하는 데 영향을 미치는 유일한 유기체는 아니다. 균류는 균류의 균사가 마르지 않게 하는 발수성을 지닌 (콜레스테롤과 관련 있는) 스테롤이라는 유사한 화합물을 생성해 근권의 수분 보유력을 증가시킨다.[47] 이 유기체들은 또 토양입단(여러 개의 토양 입자가 뭉쳐서 만들어진 토양 덩어리─옮긴이)을 코팅하는 소수성의 당단백질을 분비하여 물을 흡수하는 토양의 능력을 변형시킨다.[48] 스테롤과 당단백질, 그리고 기타 균류의 생성물은 뿌리가 분비하는 점액질과 같은 방식으로 토양의 생화학적이고 생물리적인 특성에 영향을 미친다.

토양의 구성과 토양 미생물은 또한 생태 천이와 환경 변화에 상당한 영향을 미친다.[49] 이러한 주로 보이지 않

는 생태계의 부분(그리고 그들 사이에서 일어나는 무수한 상호
작용)은 시간이 흐르면서 변하고, 그에 따라 한 식물 군락
의 종 구성뿐 아니라 생태계 발달에 장기적 영향을 미친
다.[50] 토양의 균류 구성도 천이가 진행되면서 근균의 특
징과 기능이 그러하듯 변하고, 이는 다시 식물의 군락 구
성에 영향을 준다.[51]

　식물과 균근의 복잡한 상호작용과 토양은 눈에 보이
지는 않지만 천이와 생태계 변화의 결정적 측면들을 이
끈다.[52] 균근이 뿌리의 물과 영양분 흡수를 높여주는 균
류와 식물 뿌리 간의 공생관계임을 상기해 보자. 균근균
의 종류와 존재가 토양 비옥도와 함께 특정 구역에서 어
떤 식물이 자라는지에 영향을 미치는 까닭은 특정 종의
경우 식물 생장에 균근이 미치는 영향이 토질에 따라 달
라지기 때문이다. 어떤 식물은 메마른 토양에서만 균류
와 관계를 맺으며 더 잘 자라고, 비옥한 토양에서는 균근
공생을 통한 여러 이점을 보여주지 못한다.[53]

　균근균은 또한 예상하건대 영양소와 무기물의 흡수
와 사용에 기여함으로써 식물의 경쟁 능력에 영향을 미
친다. 과학자들은 열악한 토양이나 음지처럼 높은 수준
의 광합성을 유지하는 식물의 능력을 제한하는 환경 조

건도 균근을 형성하는 식물의 능력을 제한할 수 있음을
밝혀냈다.[54] 이러한 식물은 균근과의 관계가 더 잘 형성
된 식물과 비교하면 경쟁 면에서 불리할 수 있으며, 이는
시간이 흐르면서 개체 구성과 역학에 영향을 줄 수 있다.
그 결과 식물 종 구성은 균근균의 토양분포밀도를 변화
시킬 수 있다.[55] 토양의 균근 개체에 변화가 일어남에 따
라 토양에서 서식할 수 있는 식물의 범위도 변할 수 있다.
따라서 이런 변화로 인해 특정 토양에 존재하는 균류와
공생관계를 맺는 요건을 가진 식물만이 자생할 수 있는
토양이 될 수 있다.[56] 다시 말해 식물이 균근균 개체 구조
와 역학에 미치는 영향은 식물의 천이에 영향을 미치고,
그렇게 함으로써 현재와 미래 식물 군락들의 구성에 영
향을 미칠 수 있다.

   환경을 변화시키는 잠재력을 지닌 식물들 사이에서
보이는 협력적 행동의 또 다른 예는 군집swarming 현상
이다. 군집은 별개의 개체 간 상호 관여에 기반한 사회적
행동의 한 형태로, 작은 상호작용들을 통해 복잡한 패턴
을 형성하게 하는 비상 전략이 될 수 있다.[57] 이 현상은 다
수의 개체가 모두 능동적이든 수동적이든 간에 같은 방

향으로 함께 움직일 때 발생하는데, 능동적 군집은 외부
의 힘에 의해 형성되기보다는 스스로 생성된다.[58] 새 떼
나 물고기 떼 또는 곤충 떼처럼 무리를 짓는 행동을 보여
주는 비근한 예를 누구나 익히 알고 있다. 군집 행동은 박
테리아에서도 흔하다. 군집을 이룬 박테리아는 영양분이
풍부하고 자원 경쟁이 치열하지 않은 곳으로 이동하는
것으로 관찰되었다.[59] 아드리엔 마리 브라운Adrienne Ma-
ree Brown이 이러한 행동을 유려하게 묘사한다. "떼를 짓
는 데도 기교가 있다. 서로 붐비지 않을 만큼 적당히 떨어
져 있으면서, 공동의 방향을 유지할 만큼 정렬되었으며,
항상 서로를 향해 움직일 만큼 응집력이 있다(운명에 함께
반응하면서)."[60] 여기에는 공동의 방향으로 나아가며 일치
된 목표를 추구하는 이들이 모인 공동체 안에서도 동시
에 자신만의 목표를 추구할 수 있는 개인들이 존재하는
중요성과 관련해 우리 인간이 배울 수 있는 분명한 가르
침이 있다.

　누구도 식물에서 무리를 짓는 행동을 발견하리라고
는 예상하지 못했다. 식물은 움직일 수 없기 때문이다. 하
지만 일부 식물은 실제로 움직인다. 2012년, 일단의 과학
자들은 생장하는 식물의 뿌리들이 활발하게 군집을 이

룬다는 것을 발견했다. 그들은 이웃한 옥수수 모종들의
뿌리가 같은 토양의 균질한 매질medium 내에 있었는데
도 모두 같은 방향으로 자라는 경향이 있음을 발견했다.[61]
이런 행동의 목적은 "환경과의 상호작용을 최적화하기"
위한 것일 수 있다.[62] 뿌리 군집의 잠재적 이점은 서로 협
력하는 뿌리의 무리가 사이드로포어 같은 화합물을 분비
해 해당 토양의 영양소 용해성을 개선할 수 있다는 것이
다.[63] 이 같은 군집 행동은 토양의 화학적 구성을 공간적
측면에서 조절하게 하고 식물의 생장과 내성을 촉진할
것이다. 새들의 무리 짓기처럼 뿌리의 떼 짓기는 공동 운
명체의 새로운 전략이지만 뿌리가 협력해 영양소를 용해
하거나 박테리아나 균류 같은 다른 유기체와 공생할 때
는 환경을 변화시키는 데도 기여한다.[64]

　"당신이 심어진 곳에서 꽃을 피우세요." 이 구절은 그
곳이 어디든 간에 자신이 처한 환경에서 살아남아 성장
하라고 사람들을 격려할 때 자주 사용된다. 이 구절에는
우리가 식물처럼 행동해야 한다는 생각이 담겨 있는데,
여기서 식물들은 정원사가 자신을 심은 장소를 최대한
활용한다고 여겨진다. 하지만 이 유추에는 오해의 소지

가 있다. 이번 장에서 살펴보았듯 식물은 단지 그들의 환경 내에서만 기능하는 것이 아니다. 식물은 적극적으로 참여하고 변화시킨다. 그들은 생장을 최적화하기 위해 표현형 가소성 반응을 보이고, 자신의 경계를 넘어 외부 환경에 대한 이해를 반영하는 일종의 인식을 보여주는데, 이는 때로 '확장 인식'이라고 불린다.[65] 이러한 인식은 환경을 변화시키는 행동과 적응으로 이어져 개체 자신은 물론 다른 서식 식물을 위해 환경을 개선할 수 있다. 천이 과정에서 초기에 출현한 식물은 다음 단계에서 어떤 종들이 생장하고 번성할 수 있을지 결정하는 방식으로 생태계에 영향을 미친다.

인간의 환경에 변화를 촉진하려면 식물이 생태계 천이에서 보여주는 기능과 유사한 능력이 필요하다. 인간의 제도, 즉 생태계에서 문화적 변화를 이끄는 유능한 초기 리더는 선구자로서 활약한다. 새로운 생태계를 개발하고 유지하는 방향으로 지속 가능한 시너지 효과를 일으키도록 변화를 이끄는 자질을 지닌 개인을 발굴해 지원하는 일은 매우 중요하다. 선구 식물처럼 뛰어난 선구자인 리더들은 한정적이거나 가변적인 자원을 가지고도 변화를 이끌며 성장할 수 있다. 그들은 또 환경이 안정적으로 보일 때도 선구자들의 노력으로 새로운 방향과 혁신을 구축할 수 있음을 알고 있다.

인간의 천이 패턴에서 조직은 개인(특히 유능한 변화 주체들)이 원하는 문화적 변화에 영향력을 발휘할 수 있는 효과를 인식하고 수용하기보다는 집단 역학에 초점을 맞춘다. 변화를 이루기 위해서는 장애를 뚫고 나아갈 수 있는 지도자와 선구자가 필요하다. 이는 1차 천이에서 선구 식물이 장애물을 뚫거나 어려운 장소에 뿌리를 내려야 하는 것과 마찬가지다. 이런 선구적 개인들은 최소의 자원이나 새로운 생각과 성장, 혁신을 뒷받침하는 네트워크를 통해 변화를 가져올 수 있다. 이런 개인들의 노력은 더 나아가 문화적 변화와 제도적 변화를 이끌고 지속하는 데 필요한 다음 세대의 개인들을 뒷받침할 수 있는 생태계 변화로 이어진다.

선구자들의 변화를 위한 목표는 초기에 혼란스러운 시기를 거쳐야 할 때가 많다. 특정 생태계를 관리하기 위해 계획적 불놓기가 필요한 것처럼, 고착된 패턴 혹은 현상 유지의 사고나 행동을 잘라내고 계획된 변화의 결실을 향해 의도적으로 옮겨가기 위해서는 계획적 혼란이 인간의 생태계에도 필요할지 모른다.[66] 물론 계획적 혼란이 필요할지라도 혼란에서 오는 유익한 기회들이 악한 의도에서 비롯될 수 있는 현실도 간과해서는 안 된다. 일례로 많은 미국인이 반여성적이고 반과학적이었다고 간주하는 2016년 미국 대통령 선거는 2017년의 여성 행진과 과학을 위한 행진을 비롯한 전국적 시위운동으로 이어졌다.

환경의 교란은 그곳에서 존재하고 번영하며 존속할 수 있는 개인들의 구성을 변화시킬 수 있다. 그러나 우리는 불에 적응된 생태계와 마찬가지로 의도적인 교란이나 혼란을 도입할 필요성을 간과하는 경향이 있다. 개인들의 구성에 상당한 변화를 주기 위해서는 변화를 위한 목표들을 향해 움직여야 한다. 사람들은 흔히 형평성을 추구하기 위해 생태계 구조의 상당한 변화를 원한다고 하면서도 현재 그대로의 공동체 구성을 탈피하기 위한 진정한 '교란'의 필요성에 대해서는 못 본 척한다. 한 조직은 더 광범위한 개인들을 발견하고 채용할 수 있도록 채용 전략과 심사 과정을 재평가할 필요가 있을 것이다. 문화적 변화를 뒷받침하는 데 필요한 천이에 준비된 환경을 지원하려면, 개입과 의도적 혼란이 불가피할 수도 있음을 이해해야 한다.

우리는 식물과 마찬가지로 다양한 방법을 통해 체계적 변화를 이뤄낼 수 있다. 변화를 일으키기 위한 전략적 방법은 우리가 처한 현재 상황에 대한 성찰과 인식에서 시작한다. 즉 지역 환경의 특징과 사용 가능한 자원을 파악하고 우리가 필요로 하는 것을 가늠한다. 공동체 수준에서 개인들, 선구자들로 이뤄진 일부가 '센서'sensor 역할을 하며 봉사할 수 있다. 이러한 개인은 대응이나 혁신이 필요한 환경의 풍조나 급격한 변화를 평가하는 위치에 있다. 생태계의 장기적 진화를 위한 토대를 마련하기 위해 고안된 인간 생태계의 의도적 개입은 원하는 결과로 이어질 수 있다. 우리 모두 선구자(적절한 때와 장소에서 강력한 문화적 변화를 일으키는 데 필요한 자질을 지닌 이들)의 중요성을 인식하고, 지도자들이 이러한 선구적 방식으로 활동해야 할 필요성을 느끼도록 지지해야 한다.

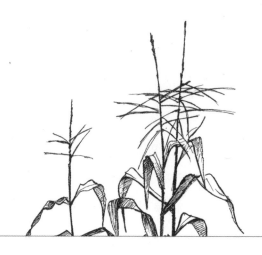

자연의 균형은 결과적으로 정치적·도덕적 진실의 청사진이라 할 수 있는 다양성에 의해 이루어진다.

_안드레아 울프 Andrea Wulf, 《자연의 발명》 The Invention of Nature

5
다양성의 호혜적 이익을
인식하고 수용하기

　여름이면 야생화들이 만발한 들판을 자주 찾는다. 어떤 꽃은 너무 작아서 못 보고 지나칠 정도지만 또 어떤 꽃은 키가 한 자에 이르고, 그보다 두 배나 길게 뻗은 꽃도 있다. 그리고 온갖 다채로운 색을 뽐낸다. 나는 군락을 이루는 꽃들의 다양한 형태와 색깔에 매료된다. 장관을 이룬 야생화들을 보며 어떻게 이렇게 가지각색의 다른 종이 공존할 수 있는지 생각에 잠긴다. 이곳의 다양성에 내 가슴은 경외심으로 벅차오르는데, 많은 이들이 이토록 번성한 생태계를 알아보지 못한 채 걷거나 자전거 또는 자동차를 타고 지나간다. 그들은 식물에 대한 인식이 부족하다. 나는 어떻게 그들이 잠시라도 멈춰 서서 들판에서 자라는 식물들의 배열에 경탄하고 땅 위와 흙 아래에서 일어나고 있는 복잡한 상호작용에 대해 생각하지 않고 지나칠 수 있는지 의아하기만 하다.

식물 군락의 생물 다양성을 연구하는 과학자들은 생태적 지위의 상보성niche complementarity이라는 현상 덕분에 수많은 다양한 종이 평화롭게 공존한다고 밝혀냈다. 각각의 종은 조금씩 다른 생태적 지위(생활사, 자원의 이용, 다른 종들과의 상호작용으로 정의되는 군락 내 위치)를 차지하고 있다. 각각의 종들, 그리고 한 종 내 각각의 유전적 변이형들조차 서로 다른 요구를 지니고 있으므로, 그 결과 식물은 특정 군락이나 생태계에서 자원을 최대로 이용한다.[1] 다양성은 개별 식물에 이익을 줄 뿐 아니라 다른 종의 고유한 능력과 행동은 집단에도 이익을 준다. 생물 다양성이 더 풍부한 생태계는 더 생산적인 경향이 있다. 다시 말해 더 많은 생물량, 즉 더 많은 잎과 줄기, 열매, 기타 식물의 부분들을 생산한다.

오늘날 상업 농업은 옥수수, 콩, 밀의 대규모 단일 재배로 특징지어진다. 이 관행 덕분에 작물을 심고 수확하는 과정은 더 수월해졌지만, 이 관행이 농작물을 재배하는 유일한 방법은 아니다. 전 세계의 토착 문화에서 농부들은 두 가지 이상의 작물을 함께 심는 사이짓기라는 기술을 오랫동안 사용했다. 자연 생태계와 마찬가지로 단일 재배가 아닌 몇몇 작물을 함께 심는 복합경작polyculture 방식이 생산성이 더 높은 것으로 나타났다.[2] 사이짓기는 종간 촉진interspecific facilitation으로 알려진 과정을 통해 개별 식물의 생산성을 증가시킨다. 각각의 종은 다른 종들의 생장과 생식 또는 존속을 촉진하는 특정한 과정에 기여한다.[3] 각각의 종에 속한 개체들은 자원을 얻기 위해 서로 다른 전략을 사용하기 때문에, 자원을 두고 경쟁하는 대신 자원을 나눌 수 있다.

사이짓기의 가장 좋은 사례 중 하나는 '세 자매 농법'이라는, 오랜 역사를 가진 경작 방식이다. 옥수수, 콩, 호박을 함께 심는 이 경작법은 수많은 북미 원주민 부족이 오랫동안 활용한 방식이다.[4] 나는 세 자매 농법과 여타 전통적인 생태학적 지식이 주는 선물에 대해 깊은 존경심을 가지고 있지만, 이번 장에서는 그러한 지식을 논하는 대신 이 세 자매 농법에 대해 깊게 사색하고 숙고해 어떤 지혜를 얻을 수 있을지 살펴보고자 한다.

세 자매 농법은 어떻게 그토록 널리 퍼지게 되었을까? 재배자는 옥수수, 콩, 호박을 함께 심어 상호 보완적인 장점을 이끌 수 있다. 옥수수는 콩이 수직으로 자라도록 지지대 역할을 한다. 콩은 모든 작물의 비료 역할을 하는 질소를 이용 가능한 형태로 전환해 제공한다. 땅 쪽으로 낮게 자라는 호박은 잡초의 성장을 억제하고 토양의 수분을 유지해 다른 두 작물에게 도움이 된다. 세 자매 농법 텃밭에서 복합경작 방식으로 자라는 식물들은 각각 단일경작 방식으로 재배되는 식물보다 더 많은 수확량을 보인다.[5] 이러한 토착 농업 관행은 다양성을 통해 촉진되는 호혜적 관계의 긍정적인 결과를 잘 보여준다. 개체들은 고립된 환경이나 자신과 유사한 다른 개체들과 함께하는 환경에서 제 기능을 수행할 때보다 다양한 환경에서 더 능력을 발휘할 수 있다. 그들은(사실 우리는) 함께할 때 더 잘한다. 식물 생태학자이자 시민포타와토미부족연합Citizen Potawatomi Nation의 정식 구성원인 로빈 월 키머러Robin Wall Kimmerer는 "호혜성의 교훈은 세 자매 텃밭에 분명하게 쓰여 있다"고 서술한다.[6]

모든 훌륭한 관계에서처럼 타이밍은 세 자매 농법의 잠재적인 시너지 효과를 활용하는 데 결정적이다.[7] 플랜

틴 바나나와 카사바의 사이짓기에 관한 연구는 각각의
종을 심고 그 종이 정착하는 순서가 복합경작 작물의 최
종적인 생산성을 결정하는 데 대단히 중요하다는 세 자
매 농법의 교훈을 뚜렷이 보여준다.[8]

세 자매 경작의 경우 옥수수가 먼저 나온다. 옥수수
종자는 발아를 촉진하는 토양에서 수분을 흡수한다. 옥
수수 모종은 뿌리를 내리고, 잎을 만들어 넓히면서 확장
을 시작하고, 광합성 과정을 견고하게 확립해 자생한다.
종자 내부의 영양분 저장고에서 양분을 끌어오는 대신
모종은 이제 광합성을 통해 양분을 만든다. 다음에 등장
하는 자매는 콩이다. 혼자 발아하는 콩의 싹은 땅 가까이
에서 자라며 다른 생물의 포식이나 약한 햇빛 등 생물과
무생물 요인으로 인한 피해와 스트레스에 매우 취약하
다. 하지만 옥수수 식물 옆에서 발아하면 콩은 옥수수 자
매의 도움으로 문자 그대로 그리고 비유적으로도 위로
올라가게 된다. 콩의 어린싹은 땅에서 들어 올려져 성장
이 촉진된다. 콩 줄기가 옥수숫대를 감고 오르면서 콩은
햇빛에 더 많이 노출되어 광합성을 촉진한다. 다음 절에
서 보게 되겠지만, 콩의 뿌리 또한 질소를 공급하는 중요
한 역할을 한다. 마지막에 셋째인 호박이 나타난다. 호박

식물은 넓은 잎을 흙 표면 가까이에 펼치면서 빛이 들어
오는 우듬지의 트인 공간을 찾는다. 빛의 양이 늘어나면
광합성이 증가해 생명을 유지하는 당분도 더 많이 생산
된다. 낮게 뻗어나가며 자라는 호박의 잎들은 먼저 난 두
자매의 근계를 덮어 보호한다. 또 잡초가 자리 잡지 못하
게 하고, 흙이 마르지 않게 하며, 잎에 가시가 있어 세 자
매 식물을 먹이로 삼으려는 초식동물의 접근을 막는다.[9]
자매 식물들이 정착하며 생장하는 타이밍은 안무가 잘
짜인 춤과 같다. 키머러의 말에 따르면 이 트리오는 "관계
의 지식"을 구현하고 있으며, 그들의 춤은 그들의 존재와
번성을 훨씬 뛰어넘는 함축된 의미를 지니고 있다.[10]

세 자매 텃밭을 관찰하다 보면, 우리는 세 식물이 경
쟁을 피하기 위해 어떤 식으로 잎들의 간격을 유지하는
지 쉽게 확인할 수 있다.[11] 그러나 생태계의 지하에서 지
원하는 역할을 맡은 유기체를 인식하는 관찰자는 거의
없을 것이다. 뿌리는 흔히 토양의 미생물 군집에서 다른
유기체와 관계를 형성하고, 식물의 정착에서 생장과 개
화에 이르기까지 식물의 전반적인 적응도에 영향을 미친
다.[12] 세 자매도 예외는 아니다.

　　지하에서도 세 자매 식물은 지상에서처럼 서로 지지
하고 보완한다. 옥수수는 뿌리를 얕게 내려 토양의 윗부
분을 차지한다. 그리고 그 아래 콩이 곧은 뿌리를 발달시
켜 토양 깊이 뿌리내리고 있다. 호박은 이미 정착한 두 자
매 식물의 뿌리가 차지하지 않은 곳에 뿌리를 내린다. 호
박의 줄기가 토양과 맞닿는다면, 뿌리 이외의 기관에서
나오는 부정근不定根으로 알려진 뿌리를 발생시킬 수 있다.
틈새의 빈 곳에 자리 잡는 이 뿌리들은 호박의 생장과 존
속에 도움을 준다.[13] 부정근을 비롯한 다른 두 자매의 뿌
리털은 토양의 이용 가능한 부분에 분포해 각각의 식물
이 자원을 찾고 다른 식물과 관계를 맺게 한다.[14] 땅속에
서의 이러한 협력은 지표면 위에서의 협력만큼 세 자매
의 관계에서 중요하다. 공동 재배되는 식물들의 호혜적
인 상호작용은 키머러가 표현한 대로 "모든 선물은 관계
속에서 배가 된다는 것"을 다시 한번 보여준다.[15]

　　식물의 뿌리는 토양에서 수분과 영양분을 얻을 뿐 아
니라 박테리아 및 균류와 공생관계를 맺는다. 박테리아
는 질소를 식물이 이용할 수 있는 형태로 고정하고, 균류
는 균근을 형성해 물의 흡수는 물론 질소와 인산염 획득
을 향상시킨다. 이런 상호작용들은 일방적이지 않다. 식

물은 수분과 비료를 더 많이 이용할 수 있게 되고, 박테리
아와 균류는 식물로부터 당분을 선물받는다.[16]

　세 자매의 경우, 둘째 자매인 콩은 특정한 질소 고정
박테리아가 자신의 뿌리에 군체를 형성하게 해 질소 비
료를 제공한다.[17] 균근은 세 자매 농법에 관한 연구의 핵
심은 아니지만 자연환경에서처럼 중요한 역할을 한다.
균근은 특히 군집 형성과 소통에 중요한데, 한 종의 균류
가 지하에서 여러 식물을 연결해 그 결과 식물 간 소통과
네트워크가 가능해지기 때문이다. 균근은 군체를 형성하
는 식물로부터 탄소를 얻을 뿐 아니라 그들이 상호 연결
하는 개체 간의 탄소 공유를 촉진한다.[18] 이런 종류의 상
호작용으로 군집 내 긴밀하게 묶여 있는 각기 다른 개체
들 사이에 경제 개념과 비슷한 자원 공유 네트워크가 생
겨난다.

　세 자매는 조화롭게 서로 협력하지만 다양한 환경에
서 모든 상호작용이 동일하게 순조롭지는 않다. 따라서
식물이 상황에 따라 감지하고 반응하는 것도 마찬가지로
중요하다. 2장에서 살펴보았듯 식물은 잠재적 상호작용
이 유익할지 위험할지(상호작용할 다른 유기체가 친구인지 적

인지) 구분해야 한다. 식물은 박테리아 세포벽에 존재하는 특정 분자를 통해 해로운 박테리아(병원체)를 인식한다. 이 분자 중 일부는 진화를 통해 아주 잘 보존되었고, 그 결과 수많은 다른 병원체도 같은 분자들을 포함하고 있다. 이 병원체의 분자 조각들은 식물 수용체에 탐지되어 위험이 임박했다는 강력한 신호로 작용한다.[19] 이 분자들은 박테리아가 식물 표면이나 토양과 상호작용할 때 방출되기 때문에 잠재적 침입자의 신호가 이웃 식물에도 보내진다. 일부 동물들에서도 위험을 알리는 이런 능력이 관찰된다. 일례로 포식자의 공격을 받은 물고기는 무리를 이룬 근처의 다른 물고기들이 맡을 수 있는 화학물질을 방출한다. 근처에 있는 물고기가 친족일 때, 공격받은 물고기는 더 많은 화학물질을 방출한다.[20]

식물은 국지적이거나 원거리에서 모두 작용하는 방어기전으로 이러한 위협에 반응한다. 병원체의 공격을 받은 식물이 식물 내부에서 혹은 공기를 통해 다른 식물로 이동하는 휘발성 유기 화합물을 생성해 위험을 경고한다는 사실을 떠올려보자.

바로 이러한 종류의 행동이 역동적인 환경에서 식물이 생존하고 번성할 수 있게 한다. 포식자가 드나들 뿐 아

니라 영양소의 이용 가능성, 수분 함량, 토양 pH 등 토양
특성이 다양하며, 식물 군집의 구성 자체가 시간에 따라
변화한다. 식물이 밀집해 자라고 일부는 키가 더 자라면
서 빛이나 토양 내 영양소의 이용성도 변할 수 있다. 다양
한 종의 식물들로 이뤄진 환경 조건은 생태 공동체의 회
복력을 촉진하고 생태계의 다양성을 증진한다.[21]

　세 자매 농법은 다양한 환경에서 호혜성이 생산적인
생장으로 이어진다는 사실을 보여준다. 또 공동체 내 상
호작용의 이로운 효과를 두드러지게 하며, 소통을 촉진
하고 성공을 지원하는 생태계에 기반을 둔 접근 방식의
지혜를 제시한다. 세 자매는 협력의 힘과 호혜적 관계, 생
태 지위 분할, 영양소나 자원의 순환을 보여주는 사례이
기도 하다.[22] 세 자매의 가르침은 공동의 가치에 대한 논
의에도 똑같이 적용할 수 있다.[23]

　그러나 여기에서 드러나는 가장 크고 지속되는 가르
침은, 특별한 기술을 가져와 고유한 방식으로 이바지할
잠재력이 공동체의 각 개인에게 있음을 이해하는 것이
다. 우리는 자신이 도울 수 있는 부분에 대한 독자적 인식
을 기르고, 그러한 개인들 간의 시너지 효과를 키워야 한

다. 또 이렇게 해서 받은 선물들을 환영하고 그 선물들이
공동체 전체에 어떻게 기여하고 공동체를 드높이는지 인
식하는 공동체를 육성해야 한다.[24]

세 자매 작물 파종법에 관한 지식을 처음 고안한 토착
민들은 과학자들이 호혜적 관계를 인식하고 그 뒤에 존
재하는 메커니즘과 과정들에 이름을 붙이기 훨씬 전부터
옥수수, 콩, 호박을 함께 심는 방식의 이점을 알고 있었다.
토박이 집단들이 자연 세계에 관해 알고 있는 다른 모든
지식을 생각해 보자. 어쩌면 이제 지식과 관련해 토박이
들의 기반과 과학적 기반 사이의 간격을 메워야 할 때가
찾아온 것인지도 모른다.[25] 이러한 지식을 모으는 과정은
자연 세계를 반영한다. 자매 식물들은 식물에 관한 지식
에서 영감을 받고 그 지식을 초월한 가르침을 선사한다.
결국 키머러가 설명하듯, "과학은 우리가 유기체에 **대해**
배우도록 요청한다. 전통적 지식은 우리가 유기체**로부터**
배울 것을 요구한다."[26]

세 자매 텃밭에서 호혜적 관계의 본질은 우리 인간이
개인적·직업적·교육적 영역을 비롯한 다양한 삶의 영역
에서 어떻게 상호작용을 확립할지에 대한 지침을 제공한
다. 우리는 흔히 여타 요인 중 시간, 에너지, 자원을 두고

우리 존재의 영역들이 서로 경쟁한다고 여긴다.[27] 우리가 특정한 영역에 소비하는 시간과 에너지는 주로 우리가 이해한 보상과 의무에 의한 것이므로, 우리가 한 영역에 몰두하면 다른 영역에 쏟을 소중한 시간과 에너지를 빼앗기는 것으로 생각한다. 이는 우리가 서로 경쟁하는 요구들 사이에서 끊임없이 곡예를 하게 만든다.

이 영역들이 서로 경쟁한다고 생각하는 대신, 서로 다른 작물을 함께 재배하면 생산성이 향상되듯 영역들의 통합, 즉 호혜적인 교차먹임cross-feeding(생물학적 상호작용의 한 유형으로, 한 종이 다른 종의 대사 산물에서 살아가는 현상—옮긴이)은 개인적 영역과 직업적 영역 모두에서 이익을 거둘 수 있음을 고려해야 한다.[28] 나는 교수로서 가르치고, 멘토로서 조언하고, 연구하고, 봉사활동에 참여해야 하는 내 책임들 사이에서 종종 갈등할 때가 있다. 내 연구에서 새롭게 밝혀낸 내용을 강의의 주요 자료로 활용하는 것처럼, 이러한 책무들에서 겹치는 부분을 발견하고 서로 시너지 효과를 발휘하는 활동들을 구축하기 시작하면서 호혜성을 키우는 것이 얼마나 중요한지 개인적으로 이해하게 되었다. 실제로 우리가 각각의 영역을 시간이나 에너지, 자원을 두고 다투는 경쟁자가 아니라 책임이나 기회의 호혜적 영역으로 본다면, 일과 삶의 '균형'을 맞추기 위해 각기 다른 우선순위가 생겨나고 더 새로운 기회들이 찾아올 것이다.

　　세 자매 텃밭의 옥수수처럼, 가장 우선적인 영역은 다른 영역의 성장을 뒷받침하는 토대다. 강력한 1차 기반을 구축하고 난 뒤 우리는 주요 관심사와 상호 의존적이며, 주요 관심사의 뒷받침을 받는 두 번째 영역의 성장을 도모할 수 있다. 마지막으로 우선순위는 낮아도 중요한 세 번째 영역을 추가한다. 우리의 삶이나 직업적 성공을 평가하기 위한 1차 기준을 설정함으로써, 우리는 어떤 보완적 활동이 협력 관계를 맺는 방식으로 첫 번째와 두 번째 영역, 즉 '자매들'을 통합하거나 향상시키는지 평가할 수 있다. 개인 생활에서는 육아와 직장생활이 주요 영역이고, 자기관리 같은 세 번째 영역은 개인의 선택이다. 세 자매 텃밭의 옥수수, 콩, 호박처럼 이 영역들은 "협력하는 것이지 경쟁하는 게 아니다."[29] 여름에 내 아들과 긴 산책을 하는 것은 육아와 자기관리의 영역을 서로 도움이 되는 방식으로 함께 하는 한 가지 방법이다. 세 자매 방식은 개인 영역과 직업 영역 간의 통합을 장려하는 풍부한 틀을 선사한다.

세 자매 방식은 또한 키머러가 서술하듯, 우리의 스승으로서, 지식의 보유자로서, 인도자로서 다른 존재들(생명이 있는 존재들)이 가진 능력에 관해 우리에게 가르친다.[30] 이런 가르침은 여러 문화가 혼재된 역량을 확립하고, 증진하며, 구현하는 데 필수적이다. 우리는 다양한 문화적 배경을 가진 개개인이 제공하는 선물의 가치를 인정할 때, 다양한 개인들이 성공할 수 있는 통로를 크게 열어주고 그들을 지원할 수 있다. 우리는 우리가 속한 공동체, 학교, 직장 등 많은 영역에서 이 가르침을 실천해야 한다.[31] 이 가르침은 미국의 인구 통계가 계속 변화하고 학습자와 노동자의 공동체가 빠르게 다양해짐에 따라 점점 더 중요해지고 있다.[32] 따라서 다양성의 호혜적 이익을 인식하고 수용하는 우리의 능력은 대단히 중요하다.

세 자매 식물을 비롯해 모든 식물이 전하는 이러한 가르침에 눈뜰 수 있다면, 우리가 깨달아 실행에 옮기기를 기다리는 풍부한 지혜가 우리 주변에 넘쳐흐르고 있다.

나는 선택하리라… 씨앗으로 내게 온 것은 꽃이 되어 다음 사람에게

가고, 꽃으로 내게 온 것은 열매로 가게 되리라.

_도나 마르코바Dawna Markova, 《제대로 살아보지 않고 죽지 않으리라》

I Will Not Die an Unlived life

성공을 위해
서로 돌보기

아끼는 화초 중 하나가 화분에서 수명이 다해가고 있을 때, 엄마가 유심히 그 화초를 지켜보던 장면이 떠오른다. 그럴 때면 엄마는 곧 분갈이를 하거나 나눠 심을 때가 되었다고 말했다. 엄마는 기존 화분에서 식물을 조심스럽게 꺼낸 다음 더 큰 화분에 옮겨 심거나 새순을 분리해 다른 화분에 심었다. 자원이 더 풍부한 곳으로 식물을 옮기지 않으면 식물은 위축되다가 죽거나 때로는 꽃을 일찍 피우기도 한다. 식물을 돌보는 사람으로서 엄마는 세심하게 주의를 기울이고 조정하면서 생장 과정을 촉진해 식물이 자신의 환경에서 잘 자라도록 도와주고, 생활환의 다음 과정으로 자연스럽게 넘어가도록 해주었다.

4장에서는 변화의 맥락에서 생태적 천이에 대해 논의했다. 앞서 살펴보았듯이 식물이 다른 식물과 경쟁하거나 변화하는 군락에서 적응하는 능력은 특정 환경에서 얼마나 오래 생존할 수 있는가를 결정짓는다.[1] 현재의 환경에서 장기적으로 생존을 지속할 수 없다면, 식물은 환경과의 관계를 중단하는 계획을 세울 것이다. 한 가지 전략은 씨앗이 더 나은 조건을 만나길 바라면서 생장에서 개화 및 결실 단계로 전환하는 것이다.

각각의 식물은 자신의 내력을 바탕으로 현재의 환경과 공존하는 다른 식물들의 군락과 조화를 이루면서 생장과 발전의 자연적 패턴을 따른다. 일년생 식물은 생애의 한 계절에 꽃을 피우고 씨앗을 생산해야 하며, 그렇지 않으면 자손을 생산할 기회를 놓친다. 반면 다년생 식물은 후년에도 번식할 기회를 잡을 수 있으므로 꽃을 피우고 씨앗을 맺는 계절을 놓쳐도 큰 지장이 없다.[2] 각기 다른 생활환을 가진 식물들이 같은 환경에 존재할 수 있지만, 각각의 식물들은 (환경적으로 조절할 수 있지만) 유전적 구성에 기초한 특정한 행동 레퍼토리를 가지고 있어서 그에 따라 에너지 소비와 행동을 조절해야 한다.

식물도 모든 유기체와 마찬가지로 한정된 에너지를 가지고 있으므로 결정을 내릴 때는 먼저 환경에 대해 주의를 기울여야 한다. 한 활동에 사용한 에너지는 더 이상 다른 활동에 사용할 수 없기 때문에, 특히 이용 가능한 자원이 제한적일 때 신중하게 에너지 예산을 세워야 한다.

식물은 환경의 변화를 가늠하는 감각 능력들을 사용해 생존하고, 계속 생산적이기 위해 어떤 행동을 취할지 결정을 내린다. 더 이상의 생존이 불가능하다고 판단되면, 식물은 본질적으로 다음 세대의 발전을 지원하는 계획을 세우기로 결정한다.

환경에 대한 식물의 반응은 생활환에 걸쳐 직면하는 조건에 따라 일어난다. 어린 식물이 정착하는 과정 같은 초기의 발달 단계는 후기의 발달 단계에 영향을 미칠 수 있으며, 특정한 생활환 단계에서 식물이 환경 신호에 반응하는 방식은 식물의 특성에 영향을 미친다. 유전적으로 매우 유사한 식물일지라도 환경 신호에 따라 분자 반응으로 매개되는 표현형 가소성은 다양한 편차를 보일 수 있다. 일례로 과학자들은 작은 꽃식물인 긴 줄기를 가진 별꽃(스텔라리아 롱기페스*Stellaria longipes*)의 두 가지 생태형을 연구했는데, 이 둘은 여러 세대에 걸쳐 대조적인 다른 환경에 적응했고, 서로 다른 서식지에서 변화하는 환경적 신호에 따라 다르게 반응했다.[3] 한 생태형은 초목이 밀집한 음지의 대초원에서 자라고, 다른 생태형은 초목이 많지 않아 빛을 두고 경쟁할 필요가 덜한 고산 초원에서 자랐다. 음지에 적응한 대초원의 생태형은 음지에서도 빠르게 신장하는 높은 경쟁력을 보여주었다. 이와 대조적으로 양지에 적응한 고산 식물은 음지에서 훨씬 제한된 반응을 보였다. 즉 실험 과정에서 빛이 제한된 조건에 노출되었을 때 신장에 큰 제약을 받았는데, 이는 자연적인 환경에서는 거의 만날 일이 없는 신호였다. 이 실험에서 관찰된 빛의 이용 가능성에 반응하는 각기 다른 능력은 유전자 구성, 환경 신호에 따른 분자 반응, 환경사environmental history 사이의 상호작용에 따라 나타난다.

식물의 자연 서식지, 생활사, 그리고 제각각 다르게 이용 가능한 자원에 반응하는 분자적 능력 또한 생활환경 전반에 걸쳐 식물의 반응을 이끌어낸다. 환경사의 영향은 일찍이 배아 식물이 씨앗에서 나오는 시기부터 관찰할 수 있다. 이 식물의 발육 단계는 종자에서 어린 식물인 유묘로 이행하는 단계로 알려져 있으며, 식물이 뿌리를 내린 환경의 역학 관계와 식물이 발생한 개체군의 환경

사에 영향을 받는 식물 발달의 매우 중요한 단계다.[4]

종자에서 유묘로 이행하는 동안, 모체에 의해 배아 식물에 축적된 저장 에너지를 의존하던 단계에서 광합성을 통해 생성된 에너지로 스스로 생장하는 단계로 나아가는 중대한 전환이 일어난다. 이 이행은 위태로운 단계다. 어린 식물은 정확하게 물질대사를 조절해야 하고, 물려받은 에너지 저장소가 고갈되기 전에 광합성을 지원하는 데 필요한 모든 요소를 축적하도록 에너지를 주의 깊게 사용해야 한다. 어린 식물은 포식자와 기타 위험에 매우 취약해서 종자에서 유묘로 이행하는 과정은 식물 개체군의 구성을 결정지을 수 있는, 식물의 정착에 있어 병목 단계에 해당한다.[5] 이 단계는 식물의 전체 생활환에서 짧은 부분에 불과하지만, 이러한 전환 시기가 자연 공동체의 역학 관계를 주도할 수 있고 종의 다양성을 유지하는 데 영향을 미친다.

발아 시기의 일반적 패턴은 진화된 생활사 전략에 의해 결정되는 것이 분명하다. 그러나 많은 종자의 경우 그 시기는 빛이나 물의 이용 가능성 같은 환경 요인에 의해 조절될 수 있다. 따라서 이런 전환의 시기와 진행 과정을 세심하게 조절하여 식물이 특정 환경에서 후계 계획을

관리하는 방법을 제시한다.[6]

　환경은 식물이 특정 발달 단계나 세대에서 다음 단계나 세대로 이행하는 방식에 깊은 영향을 미친다. 예를 들어, 특정한 환경 조건에서 식물은 생활환을 가속화하거나 잎을 떨어뜨리기로 결정할 수 있다. 식물은 생활환을 끝내거나 중요한 식물의 기관을 희생하는 결정을 쉽게 내리지는 않는다. 하지만 장기간 존속을 위해 단기적인 생산성을 희생하는 것이 때로는 자신이 내릴 수 있는 가장 현명한 결정임을 인식하고 있다.

　장기적인 음지 조건에서 일부 음지 회피 식물은 개화까지 걸리는 시간을 단축하여 발달 과정을 가속화한다. 일년생 식물의 수명이 단축되거나 다년생 식물의 성장 기간이 단축된 결과로서 자원을 저장하는 데 드는 시간도 단축된다. 이 경로를 택한 식물이 생산한 종자는 수도 적고 크기도 작다.[7] 그러나 열악한 환경이 지속될 경우 이렇게라도 씨앗을 생산하기로 한 결정이 생식 단계에 도달하지 못한 채 영양 생장 상태를 지속하는 위험보다는 더 나을 수 있다. 개화까지의 시간을 단축하는 결정 외에도 이러한 식물은 새로 뻗는 가지 수를 줄여 에너지를 투

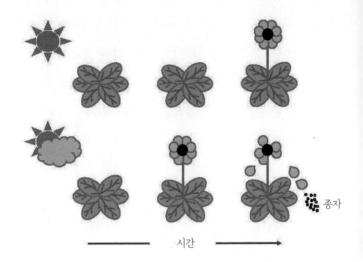

강한 음지 같은 최적이 아닌 환경(아래 그림)에서 자라는 식물은 광합성에 제약을 받으며, 따라서 충분한 햇빛을 받는 최적의 환경(위의 그림)에서 자라는 식물과 비교했을 때 에너지 생산에도 제약을 받는다. 열악한 환경이 지속된다면, 이 식물은 개화를 가속화해 수명이 다하기 전에 종자를 생산할 가능성을 증가시킬 것이다.

입해야 하는 전체적인 잎의 생물량을 더 적게 만든다.

　미래를 위한 또 다른 계획의 한 형태는 우리가 모두 익히 잘 알고 있고 우리에게 큰 즐거움을 주는 단계다. 바로 가을이 되면 매년 찾아오는 단풍으로, 낙엽수와 관목이 낙엽을 떨어뜨려 월동을 준비하는 시기다. 식물은 프

로그램에 따라 세심하게 조직된 이 과정의 핵심 단계로
서 에너지적으로 비용이 많이 드는 엽록소의 생산을 줄
이고 기존에 모아놓은 엽록소도 분해한다. 이는 광합성
과정을 중단시켜 식물이 광합성 기관을 유지하는 데 필
요한 에너지를 절약하고, 겨울 동안 잎의 생물량을 지탱
하는 물질대사에 에너지를 쓰지 않게 한다. 또 식물은 영
양소를 잎에서 추운 날씨에도 생존하는 식물의 다른 부
분으로 이동시킨다.[8]

　엽록소가 분해되면서 카로티노이드의 강렬하고 눈
부신 노란색과 주황색, 그리고 안토시아닌의 빨간색 같
은 잎의 색소가 인간의 눈에 더 잘 보이게 된다.[9] 색소 합
성의 변화는 전략적인 에너지 할당의 작용인 낙엽의 타
이밍과 비슷하게 조정된다. 이 과정은 식물이 휴면 상태
에서 존재할 준비를 하는, 미래를 위한 계획의 기초다. 나
무는 잎을 희생시킴으로써 기초대사, 그리고 분열조직
과 식물의 눈을 보호하는 것과 관련된 과정을 위해 겨울
철 생산되거나 탄소 저장소에서 동원되는 에너지를 최소
한으로 사용할 수 있다. 이렇게 절약된 에너지는 봄에 새
로운 잎을 생산할 때 사용될 것이다. 낙엽수는 매년 잎을
떨어뜨리기 때문에 개화의 가속화와 낙엽은 어떤 점에서

구별되지만, 그 타이밍은 계절적 신호의 변화에 반응해 어느 정도 조정될 수 있다.

미래에 대한 계획은 위에서 설명한 사례와 같이 개체 수준에서 일어나거나 또는 군락 차원에서 조정될 수 있다. 군락 차원의 계획 수립에 관한 사례로는 자원 부족 같은 최적이 아닌 환경에서 성숙한 식물과 그보다 어린 식물이 자원을 나누는 현상을 들 수 있다. 연구자들이 몇몇 사례에서 '보모 식물'이라고 불리는 나이 든 식물이 (같은 종 또는 다른 종의) 더 어리고 작은 식물을 돕는다는 것을 발견했다. 유년기 식물이 보모 식물에게 도움을 받지만, 관계는 호혜적이다. 유년기 식물과 성년기 식물 모두 세 자매 농법에서 옥수수와 콩, 호박이 함께 잘 자라듯이 고립된 상태보다 함께 자랄 때 더 잘 생장하고 생존한다. 어린 식물은 보모 식물이 제공하는 그늘에서 혜택을 받을 뿐 아니라 나이 든 식물 밑에 퇴적된 낙엽으로 인해 영양분과 물에 대한 접근성이 높아진다. 낙엽은 토양 화학과 영양소의 수준을 조절하고 박테리아와 균류의 공생관계를 강화함으로써 토질을 개선하기도 한다. 토양의 이러한 변화는 어린 식물과 나이 든 식물 모두를 지원하는 순환

고리를 만든다. 보모 식물이 고립된 상태에서 자라는 유사한 다른 나이 든 식물보다 더 받는 혜택으로는 토질이 개선되어 더 많은 꽃을 피운다는 것이다. 꽃이 많을수록 꽃가루 매개자를 더 많이 끌어들여 많은 수의 꽃이 결실을 이루는 효과를 증폭시킨다.

이와 유사하게 숲에서는 나이 든 나무들이 어린 식물의 막대한 에너지 수요를 충족시키기 위해 식물들의 뿌리를 연결한 균근 네트워크를 만들어 성숙한 식물에서 어린 식물에게 활발히 당분을 운반함으로써 어린나무를 도울 수 있다.[10] 나이 든 나무가 죽으면, 어린나무들이 생장과 적응도 향상에 이용할 수 있는 재순환되는 유기성분의 원천이 된다.

미래에 대한 계획과 자원 공유와 관련된 또 다른 군락의 반응은 균근 공동체와 관련이 있다. 균근을 구성하는 균류는 다른 식물의 네트워크와 연관되어 있을 때가 많다.[11] 균류는 식물이 에너지를 절약할 수 있게 하는데, 뿌리를 통해 영양분과 물의 흡수를 증가시키고 공생 파트너와 나누는 당분을 생성하는 비용보다 식물에 돌아가는 혜택이 훨씬 크기 때문이다.[12] 근균이 여러 식물을 연결한다는 사실은 의사 결정의 공유와 군락의 유지를 촉진

한다. 즉 에너지 저장분이 남아도는 식물은 군락의 취약
한 식물과 에너지를 나누어 지속적인 생장과 존속을 도
울 수 있다. 이러한 에너지 공유의 정도는 스위스의 한 숲
에서 진행된 기발한 실험을 통해 입증되었다. 연구진은
키가 큰 가문비나무에 의해 동화되었던 (이산화탄소 형태
의) 탄소를 추적했고, 상당량의 탄소가 균근의 네트워크
를 통해 이웃한 다른 종의 나무들로 이동된 것을 발견했
다.[13]

식물이 서로를 지탱하며 미래의 성공적인 생존을 보
장하는 또 다른 방법은 공격받을 때 이웃에게 신호를 보
내는 것이다. 2장에서 살펴보았듯, 많은 식물은 초식동물
로부터 자신을 보호할 때 휘발성 유기 화합물 형태로 신
호를 보낸다. 이 신호는 자신을 위험에서 막아줄 뿐 아니
라 친족에게 경고하는 역할도 한다. (일부 곤충과 초식동물
은 이에 맞서는 방법을 진화시켰다. 포식자들은 식물 간 소통을 교
란하는 자신만의 신호를 방출해 이웃 식물을 혼란스럽게 하고 초
식동물에 더 취약한 상태가 되도록 한다.[14])

군락을 기반으로 생태계 차원에서 서로 협조하는 이
러한 정교한 반응은 일반적으로 개체와 공동체 차원 모
두에서 식물에게 도움이 된다. 그러나 식물은 동시에 여

러 스트레스를 받는 경우가 많으며, 에너지 예산을 적절
하게 편성하기 위해 반응의 우선순위를 정해야 한다. 일
례로 식물이 빛 스트레스에 대처하려면, 다른 스트레스
에 대한 반응을 일시적으로 중단해 우선 더 많은 빛을 확
보하거나 빛이 과도한 경우 과도한 작용에서 자신을 보
호하는 능력을 조절할 것이다.[15] 과학자들은 또 전 세계
적으로 점점 확대되고 있는 염류 토양에서 자라는 식물
처럼 염분 스트레스에 대처하는 식물은 음지 회피 반응
을 착수하는 능력이 떨어지고, 음지에 반응하는 식물은
흔히 초식동물의 공격에 반응하는 능력이 떨어지는 현상
을 관찰했다.[16]

　　자연의 군락에서 식물은 지금까지 살펴보았듯이 에
너지 예산을 세우거나, 생활환에 변화를 주거나, 자원을
나누거나, 위험 신호를 보냄으로써 자신을 돌보고 다른
유기체와 교류하는 전략을 보유하고 있다. 그러나 우리
가 정원이나 실내용 화초 또는 농작물을 돌볼 때, 우리 인
간은 돌보는 사람으로서 여러 개입을 하게 된다.

　　우리 모두 잘 자라지 않는 식물을 키워본 경험이 있을
것이다. 그렇다면 스트레스를 겪는 식물에 대해 무엇을

할 수 있을까? 잘 자라지 않는 실내용 화초를 어떻게 도와
야 할까? 문제를 해결하기 위해 우리는 일반적으로 환경
에 무엇이 부족하거나 잘못되었는지에 초점을 맞추거나
돌보는 사람에게 문제가 있는 것은 아닌지 살펴본다. 식
물 그 자체가 생장할 수 없거나 번성하는 모습을 보여줄
수 없는 건 아닌지 묻는 일은 드물다.

　　잘 자라지 않는 식물을 돌보는 사람들의 가장 일반적
인 반응은 무엇보다 식물의 환경을 세심하게 평가하는
것이다. 그 식물이 빛을 충분히 받고 있는가, 아니면 과도
하게 받고 있는가? 영양소의 종류와 양은 적절한가? 물을
너무 적게 혹은 너무 많이 주고 있지는 않은가? 온도가 너
무 낮거나 높은가? 해충이나 초식동물이 생명을 위협하
는 피해를 주고 있다는 신호가 있는가? 건강 상태가 약해
지거나 곤경에 처한 신호가 있는가? 식물을 둘러싼 환경
의 생물적·비생물적 요소를 이렇게 철저히 분석하는 것
은 매우 중요하다. 보통 식물을 돌보는 이는 특정한 개입
을 고려하고, 이러한 개입이 적용된 후 식물의 건강을 면
밀히 평가해 식물의 상황을 더 좋게 하려는 시도가 실제
로 효과가 있는지 확인한다.

　　우리는 식물을 돌보는 사람으로서 외부 환경을 광범

위하게 살피면서 부족한 부분이나 충족되지 않은 필요한 부분이 있으면, 식물이 잘 생장하도록 새로운 자원을 보충해주거나 기존의 자원이 재배치되어야 함을 알게 된다. 우리는 환경 어딘가에 이미 존재하는 자원을 이용해 식물의 생장과 발달을 도울 필요가 있는지 가늠한다. 일례로 수돗물이 가까이에 있어도 식물이 자라는 토양에 도달하지 못하면 아무 소용이 없다. 식물을 돌보는 이가 각각의 식물이 필요로 하는 부분을 완벽하게 알아차리고, 동시에 환경에 관해 철저히 이해할 때, 식물이 잘 자라는 데 필요한 특정 자원을 그 식물과 연관 지어 공급해줄 수 있다.

어떤 경우에는 자원을 충분하게 이용해도 다른 측면에서 부족할 수 있다. 가령 수돗물에 불순물이 섞여 있어 적합하지 않을 수 있다. 이 경우 정화를 통해 문제를 해결할 수 있다. 아니면 식물의 탄탄한 생장과 생존을 돕기 위해 생수나 여과수처럼 다른 종류의 물이 필요할 수 있다.

식물이 잘 자라도록 돕기 위해서 식물을 돌보는 사람은 현재와 앞으로도 계속 필요한 식물의 요구를 알아차리고 필요한 자원을 확보해야 한다. 동일한 성장 잠재력을 지닌 식물이 둘 있다면, 충분한 자원을 공급받은 식물

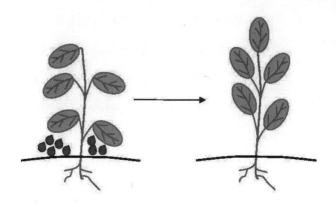

시든 식물(왼쪽)은 분명 물이 필요하고, 이때 돌보는 사람이 물을
줄 수 있다. 이런 개입은 물을 공급받는 식물(오른쪽)이 다시 건강
을 되찾는 데 도움이 된다. 반면 물을 공급받지 못해 시든 식물은
계속 스트레스를 받다가 죽을 수 있다.

이 필요한 자원을 충분히 이용하지 못하는 식물보다 훨
씬 잘 자라고 더 큰 생산성을 보일 것이다.

우리는 식물을 키우면서 우리의 노력이 소용없거나
식물의 생장을 제한하는 것이 무엇인지 알지 못할 때 흔
히 전문가의 도움을 구한다. 우리는 실패의 원인을 우리
의 보살핌과 관리의 부적절함 또는 무능함으로 돌리고,
결국 식물을 키우는 방식을 개선할 기회를 찾게 된다. 우

리는 식물을 돌보는 데 능숙해지기 위해 지인의 도움을 요청할 수 있다. 즉 식물이 필요로 하는 자원을 파악하거나 잘 키우는 능력을 향상하는 방법에 관해 조언을 구하는 과정을 비롯해 식물을 더 잘 돌보는 사람이 되기 위한 훈련이나 교육을 적극적으로 찾는다.

그런데도 식물이 잘 자라지 않으면, 최후의 수단으로 노력한 결과가 실패로 돌아간 원인을 식물이 잘 자라도록 돕는 방법을 파악하지 못한 탓으로 여길 것이다. 식물 자체에 실패의 원인이 있었다고는 생각하지 않는다. 환경과 관련한 모두 개입 방식을 적용하거나 교육을 찾아보거나 전문가의 개입을 요청한 이후에는 결국 그들이 파악하지 못한 자원이 부족했다거나 어쩌면 특정한 환경, 즉 그들이 키운 환경에서는 식물이 잘 자랄 수 없었다고 최종 판단을 내릴 것이다. 어쨌든 식물 그 자체에 부정적인 판단을 내리는 경우는 매우 드물며, 오히려 식물을 돌보는 사람이 식물의 생장을 돕기 위해 환경적 결함을 해결하지 못한 자신의 실패를 어쩔 수 없이 받아들일 것이다.

사람에게서 개인의 성장과 성공을 도모하려면 우리가 식물에게 사용하는 방식처럼 조사에 기반한 사고방식을 적용해야 한다. 나는 우리가 식물을 돌볼 때, 식물이 잘 자랄 수 있도록 우리가 할 수 있는 일에 초점을 두는 것을 발견했다. 그런데 어떤 사람에게 조언하거나 그를 지도할 때, 우리는 상당히 다른 성향을 보인다. 우리는 흔히 그들의 성장을 제한하고 있을지 모르는 환경적 요인을 파악하기보다는 개인에게 있을 것으로 추정되는 약점이나 결점을 강조할 때가 많다.

성장 마인드셋growth mindset에 기반한 포괄적 접근 방식은 개인의 발전과 성공을 촉진하기 위한 훨씬 효과적인 방법이다. 이 접근 방식은 개인과 환경 모두가 원인을 제공한다는 사실을 고려해 양쪽 모두에 초점을 두는 것이 필수적이라고 인정한다. 다행히도 일부 학습 환경과 직업 환경, 지역사회 기반 봉사 프로그램, 멘토링 프로그램에서 결점에 기반한 관점을 기본 전제로 두지 않고 개인의 성공이나 성장 잠재력에 환경적 요인이 미치는 영향을 탐구하기 시작했다.

이런 진전에도 불구하고 여전히 많은 일이 남아 있다. 우리가 식물을 키울 때 접근하는 방식처럼, 환경이 미치는 영향에 대해 체계적 질문을 던지면서 다른 이들과 교류를 시작해야 한다. 식물이 자신을 스스로 돌볼 때, 식물은 외부 환경의 신호를 감지하고 지각한다. 그런 다음 그들의 지각이 식물의 신호 네트워크의 조절로 이어지고 궁극적으로 새로운 결과를 초래한다. 그러나 우리는 다른 사람들을 대할 때 이런 과정을 거꾸로 할 때가 많다. 내가 수행한 연구에 따르면, 결함에 기반한 사고방식으로 행동할 때 우리는 좋지 않은 결과를 인식하면 곧이어 개인에 대해 부정적 판단을 내리는 쪽으로 생각이 옮겨간다. 우리는 도전적인 문제가 일어나면 지레 개인의 약점을 파악하거나 발전할 수 없다고 평가할 수 있다. 개인과 그 개인이 속한 환경에 대해 질문하기보다는 그러한 비판적인 반응을 기본 전제로 하는 경우가 많은 것이다.[17]

이런 경향은 특히 소수 집단 또는 소외되거나 역사적으로 과소대표되거나 배제된 집단 출신의 개인이 특정 환경에서 순응하거나 성공하는 과정에서 어려움에 직면할 때 특히 두드러진다.[18] 시스템은 흔히 이들에게 '성공 불가능'이라는 꼬리표를 붙인다. 이러한 결함에 기반한 접근법은 환경 요인이 개인의 성과에 미치는 영향을 적절하게 평가하지 못한다. 판단하는 위치에 있는 사람들

은 성공을 가로막는 장벽을 만드는 해로운 요인이 환경
에 거의 없다고 간주하지만, 사실상 이러한 추정이 개인
의 잠재력을 제한하는 것일지 모른다. 우리는 식물을 키
울 때와 똑같은 방식으로 대응하면서 그 개인이 성장할
가능성이 있다고 기대해야 한다. 그런 다음 주변 환경과
관련해 여러 측면을 조사하고, 그런 환경을 조성하는 데
우리가 얼마나 잘 대응했는지 분석해야 한다.

　우리는 기본적으로 우리와 다른 사람들이 발전시키
고자 애쓰는 시스템이 오류 없이 완벽하다거나 환경이
적절하다고 짐작하지 말아야 한다. 시스템이 개인에게
영향을 미치는 방식을 제대로 이해하면, 개인에 대한 멘
토링, 리더십, 지지에 이르는 지원에서 서로 교류하는 관
행은 매우 풍요로워지고 개선될 것이다. 또 조직에서 지
원과 포섭의 역사나 혹은 그 결핍을 이해하는 것은 가면
증후군imposter syndrome(자신의 성공이 노력이 아닌 운으로 이
루어졌다고 생각해 불안해하는 심리―옮긴이)에 대한 민감성을
낮추는 데 도움이 될 수 있다. 성공이 분명한데도 미흡하
다는 감정이 따르는 이 증후군은 성격적 특성과 관련된
내부 요인뿐 아니라 경쟁과 고립, 멘토십 부족 등 외부 요
인에서도 비롯되는 것으로 점차 인식되는 추세다.[19]

어떤 자원을 이용할 수 있는지에 대한 잘 구축된 지식과 함께 개인이 필요로 하는 것들에 대한 완전한 인식은 성공하는 데 도움이 되는 자원과 개인을 연계하도록 방향성 있는 노력을 할 수 있게 한다. 환경의 관리자가 되는 것은 우리의 가장 중요한 역할 중 하나다.[20] 그리고 유능한 관리자로서, 성장 지향적인 지지자는 이용 가능한 자원이 부족할 때를 인식하고, 대안이 될 만한 적절한 자원과의 연계를 추진하거나 (불순물이 포함된 수돗물을 정화하기 위해 필터를 구하는 것과 유사한 방식으로) 기존의 자원에 변화를 주는 데 도움을 줄 것이다. 우리는 멘토링, 지원, 리더십을 향상하기 위한 교육을 제공함으로써 지역사회 내 자원의 변화를 촉진할 수 있다. 지역사회의 리더는 그 사회의 구성원들이 이처럼 지원하는 역할을 하리라는 목표를 설정할 때 핵심적인 역할, 즉 지원과 멘토링을 통한 준비 구조를 제공하고 책임의 메커니즘을 확립하며 그에 따른 노력을 보상하는 역할을 한다.

지지자와 멘토, 리더는 개인들이 잠재력을 최대한 발휘하도록 돕는 매우 중요한 존재다. 적성이 같은 사람이 둘 있을 때, 꼭 필요한 자원과 연계되거나 적절한 개발 또는 지원 네트워크에 속한 사람이 성공할 가능성이 훨씬

크다. 긍정적인 성과를 낼 가능성은 대체로 자신의 경험
과 전문지식, 자원에 대한 접근이 어떤 방식으로 그들이
지원하는 개인들의 개별적 요구에 부응하고 그들의 목표
를 진전시킬 수 있는지 인식하고 있는, 기존의 네트워크
를 좌지우지하는 이들에게 달려 있다. 효과적으로 이를
수행하기 위해서는 지지자들과 동료들이 모범적 관행이
나 필요한 혁신을 기반으로 문화적 역량을 갖춘 관리를
할 준비가 되었는지 확인해야 한다. 지역사회의 지도자
들은 명확한 목표를 세울 뿐만 아니라 타인을 향한 관심
과 지역사회에 대한 관리를 향상시키고자 하는 개인에게
보장된 시간과 인센티브를 제공할 수 있다.[21]

　　지원하는 관계가 제대로 진전되지 않을 때, 지지자와
멘토, 리더는 경험이 있는 다른 이들에게 조언을 구할 수
있다.[22] 조언자는 특정 조치를 추천하거나, 자원에 관한
인식을 넓히도록 돕거나, 지원과 지도가 필요한 이들에
게 자원과의 연계를 추진할 수 있다.[23] 식물에 대해 더 해
박하거나 훨씬 잘 키우는 이들에게 식물을 돌보는 방법
에 관해 조언을 구한다고 해서 나약하다고 여기지는 않
는다. 이와 마찬가지로 우리는 다른 사람들을 지원하고
조언해주는 가장 좋은 방식에 대해 조언을 구하는 태도

가 강점으로, 사실상 책임감 있는 태도로 여겨져 장려되고 인정받으며 보상이 따르는 환경과 지역사회, 문화를 촉진해야 한다.

지원하는 관계가 잘 진행되지 않는 안타까운 경우에는 식물을 돌보는 방식에서 가르침을 얻을 수 있다. 우리가 잘 자라지 않는 식물을 다룰 때와 마찬가지로, 개인에게 구제 불능의 결함이 있다고 단정 짓는 것이 아니라 지원을 제공하는 사람이 지원받은 사람이 필요로 하는 요구를 충족시키지 못하고 있는 것이 아닌지 숙고해야 한다.

특히 문화와 관련해 조화롭지 않은 부분이 있으면 멘토링과 지원의 측면에서 "문화적으로 적절한 관행"과 관련된 개입을 통해 다양한 배경을 가진 사람들을 도울 수 있도록 지지자들의 능력을 향상시킬 수 있다.[24] "문화적으로 적절한 관행"으로 개입하는 행위는 "우리가 어떻게 소외된 소수의 공동체 내에 존재하는 풍부한 문화에 초점을 맞춰 이를 활용할 수 있는지 이해하고, 이런 과정을 저해하는 시스템의 구조적 장벽을 평가하는 데 도움이 될 것이다."[25]

어떤 한 사람이 문화적으로 적절하게 지원하는 역할

을 효과적으로 수행하기 위한 기본 요건 중 하나는 "(지원받는 사람을) 한 개인으로 보는 동시에 더 넓은 사회적 맥락의 일부로 보는 이중의 관점을 유지하는 것이다."[26] 이 관점에는 소수 집단의 배경을 가진 개인이 직면하는 수많은 어려움이 시스템의 불공평이라는 오래된 역사에서 기인한다는 사실을 완벽하게 이해하는 것도 포함된다.[27] 지지자가 누군가를 제대로 도와주지 못하고 있고 이미 그 관계를 개선하는 방법에 관해 조언을 구한 경우라면, 상황이 좋게 마무리되지 않으리란 걸 인정하고 더 적합한 도움을 줄 수 있는 사람에게 보내주는 선택을 실패라고 인식해서는 안 된다. 그렇게 하지 않는다면, 즉 돕고자 하는 자신의 기술이 잘 맞지 않는 사람을 계속 지원하겠다고 고집을 부린다면, 도움을 받는 사람이 더 성장하지 못하고 완전히 실패할 수 있다. 돕고자 하는 이의 의도와는 무관하게 언제나 성장을 지원하는 것에, 그리하여 아무런 해가 되지 않는 데 초점을 맞춰야 한다.

우리는 관찰하고 숙고하면서 식물을 키우는 방법에 바탕을 둔 가르침을 실천함으로써 타인의 성장을 지원하는 풍부한 지식과 영감을 얻을 수 있다. 우리가 탐구와 이해에 중점을 둔 성장의 관점을 취하고 식물을 대하는 방식은, 조언과 지원을 받는 개인들과 교류하는 방식을 그들의 개인적이고 직업적인 목표를 성취하도록 돕는 데 초점을 맞추는 방향으로 변하게 한다. 식물을 대할 때와 마찬가지로 우리는 타인에 대한 우리의 관심이 그들의 성공과 번영을 지지하는 방향으로 나아가도록 신호를 이용해야 한다.

우리의 개인적이고 직업적인 환경은 지역사회에 기반한 협력 관계와 호혜성보다는 성공과 성취라는 개별화된 모델을 일관되게 우선시한다.[28] 우리는 특히 과소대표되고 흔히 충분한 지원을 받지 못한 집단의 개인에게 학습이나 직업 환경에서 멘토링과 지원을 제공할 때, 결함에 기반한 접근 방식에서 성장에 기반한 지원 방식으로 전환해야 한다. 이러한 성장 기반 모델은 광범위한 인구와 배경을 지닌 사람들의 성과를 향상시키는 엄청난 잠재력을 가지고 있다. 우리가 살아가는 환경에서 개인의 존재와 번영은 그들 자신의 성장을 도모할 뿐 아니라 그들이 존재하고 일하고 배우는 공동체에도 긍정적 영향을 미친다.

우리는 식물이 서로를 돌보는 방식에서 배울 점이 많

다. 보모 식물이 '멘토링'하는 어린 식물에게 혜택을 제공하는 방식, 그리고 생장과 생식의 개선이라는 측면에서 보모 식물에게 돌아가는 호혜적 혜택은 경쟁보다 협업을 우선시하는 방법을 우리에게 보여준다. 이 보모 식물은 세 자매 농법과 함께 우리가 협력할 때 더 큰 번영을 이룬다는 사실을 상기시킨다.

좋은 선택과 올바른 결정을 내리려는 우리의 능력과 의지는 유전자에 새겨져 있지 않다. 그것은 학습된 기술이고, 식물은 훌륭한 선생님이 될 수 있다.

_모니카 갈리아노Monica Gagliano, 《식물이 이렇게 말했다》Thus Spoke the Plant

결론

우리는 주의를 기울이기만 하면 된다

내 아들이 아기였을 때 우리는 '아들의' 나무를 심고 아이와 함께 나무가 자라는 것을 지켜보면서 계절별 연도별로 중요한 단계들을 기록했다. 우리가 선택한 화이트스프루스(흰가문비나무)는 상록수다. 가을에 울긋불긋한 잎들이 떨어지지는 않지만, 나무는 우리가 가족으로서 함께했던 시간을 반영하듯 끊임없이 변하고 있다.

첫해에 나무는 중앙에서 약간 벗어나 동쪽으로 자랐다. 그래서 우리는 나무가 곧게 자라도록 조심스럽게 나무 둘레에 끈을 묶어 서쪽에 세워둔 막대기에 연결하여 부드럽게 잡아당겼다. 막 걸음마를 배우던 아들이 이 과정을 완전히 이해하지는 못했지만, 우리는 아들에게 이런 부드러운 지도가 어린 시절에는 흔히 필요하다고 말해주었다. 그리고 나무에게도 이런 조치는 나무의 몸통이 아직 유연할 때 가장 효과적이다.

수년 동안 나무를 돌보고 관찰하면서 나는 아이의 날숨인 이산화탄소가 선물이 될 것이라고 설명했다. 나무는 아이가 내뿜는 이산화탄소를 흡수해 잎이나 나무를 만드는 데 도움을 주는 당분으로 전환하고, 그리하여 아이는 오래도록 자기 나무의 필수적인 부분을 이루게 될 것이다. 이 가문비나무가 '청소년'이 되어서도 우리는 계속 사랑을 담아 키우면서 나무가 필요로 하는 추가적인 자원과 보살핌을 제공했다. 지난달까지도 딱 맞았던 바지의 밑단 아래로 갑자기 발목이 쑥 나오는 아들처럼 나무는 매년 쑥쑥 성장하기 시작했다. 아들이 법적인 성인으로 성장한 이후에도 아들의 나무는 여전히 성목成木의 단계를 향해 성숙해 가고 있다. 아들은 지금까지 나무의 돌보미였고, 나무는 20년 가까이 아들의 선생님이었다. 하지만 우리는 나무가 아들과 우리에게 가르쳐줄 것이 더 많이 남아 있음을 알고 있다.

앞선 장들에서 자연 세계에서 흔히 간과되지만 없어

서는 절대 안 되는 '식물에게 배울 수 있는 수많은 교훈 중 몇 가지'를 소개했다. 식물이 자생하기에 최상인 열대와 적도 기후에서 사막, 고산 지대, 극지방 같은 혹독한 환경에 이르기까지 거의 모든 환경에서 식물이 자라는 것을 발견할 수 있다. 서식지의 다양성은 식물이 주변에서 일어나는 일을 감지하고 적응하며 자신과 자신이 존재하는 환경을 변화시키는 매우 놀라운 능력을 보여주는 증거다.

어린 식물은 식물이 존재하는 가장 첫 순간부터 특정 장소에서 발견한 것들에만 대처하는 것이 아님을 기억해보자. 식물은 생태적 지위, 즉 자신이 생장하고 있는 환경에 적응하는 법을 배워야 한다. 생태학적 지위는 그 주변의 다른 생물을 비롯한 유기체와 서식지 사이의 관계를 나타낸다. 그러나 생태적 지위는 고정된 게 아니다. '생태적 지위 구성'이라는 과정을 통해 유기체는 그들의 활동과 선택으로 자신과 서로의 생태적 지위를 변화시킬 수 있다.[1] 주로 자신과 타자의 이익(또는 손해)을 위해 환경을 변화시키는 이 과정은 식물의 변형적 행동이다.

식물은 그들의 생활환 내내 계속해서 배우고 적응하며, 끊임없이 에너지 예산의 균형을 저울질한다. 일례로

초식동물로 인한 손상을 막기 위해 잎을 넓게 자라게 하
거나 새 가지를 뻗는 것 같은 활동에 이용하는 에너지를
줄여야 할 수 있다. 식물은 자원을 생장하는 데 쓸 것인지
아니면 적을 물리칠 때 쓸 것인지 결정해야 한다. 박각시
나방 애벌레에 잎을 먹히고 있는 토마토 식물은 에너지
를 이용해 애벌레의 성장을 억제하는 화합물을 만들어내
는 한편 생장과 번식에 쏟는 에너지는 제한해야 한다. 식
물 반응은 또한 에너지 상태와 연결된 신호로 인해 조정
될 수 있다. 식물이 낮은 빛 조건 때문에 광합성 용량을 감
소시켰다면, 방어에 쏟을 충분한 에너지가 없으므로 포
식 위험이 더 커질 수 있다.[2] 이런 상황에 관한 연구를 통
해 식물이 여러 신호에 동시 또는 차례로 노출될 때 복잡
한 반응을 보인다는 것을 알게 되었다.

　이러한 감지, 반응, 적응 행동은 빛을 포착해 당분으
로 전환하거나 영양분을 얻고자 뿌리를 뻗기 위한 잠재
력을 최대화하려는 것과 상관없이 식물의 생활환에 걸쳐
계속 이어진다. 식물은 자신의 생장뿐만 아니라 다른 식
물(시간과 공간을 공유하는 식물뿐 아니라 뒤이어 올 다음 세대 식
물)의 생장을 지원하기 위해 환경을 변화시키는 강력한
능력을 지녔다.

식물은 경쟁하거나 협력하거나 혹은 생활환을 마무리하면서(일례로 장기간 음지에 있을 때 빨라지는 개화 속도) 어떻게 에너지를 가장 잘 소비할지 결정한다. 식물은 환경에 장기적인 서식과 성공적인 생장에 필요한 자원이 없는 시기와, 그리고 자신의 행동이나 다른 식물과의 협력 및 상호작용을 통해 환경을 변화시키는 방법을 알고 있다. 생태계가 교란된 지역에서 번성하는 선구 식물은 다른 식물이 정착할 수 있도록 생태계를 변화시킨다. 선구 식물은 변화를 관리하는 역할을 제대로 해내고 다음에 유입되는 식물에게 유리한 환경을 조성한다.

자연에서 가르침은 식물의 행동뿐 아니라 식물과 우리의 관계에서 생겨난다. 인간이 식물을 돌보는 역할을 할 때, 우리는 성장에 바탕을 둔 관점을 가지게 된다. 우리 가족과 나는 가문비나무를 돌보면서 나무가 보내는 신호를 세심하게 관찰하고, 나무가 잘 자라기 위해 어떤 자원이 필요한지 질문한다. 우리는 환경 때문에 나무가 잘 자라지 못하는 것은 아닌지 판단하기 위해 나무의 신호에 주파수를 맞추고 있다.

식물은 우리에게 감각이 이끄는 굳건한 삶을 가꾸는

방법을 가르쳐준다. 식물은 센서를 사용해 주변 환경에서 무슨 일이 일어나고 있는지 면밀히 추적하고, 그 정보를 활용해 어떻게 에너지를 편성하고 자원을 획득하며 이웃과 우호적으로 상호작용할지 지혜로운 결정을 내린다. 우리는 이 가르침들을 우리 자신의 삶, 멘토링과 리더십 실천, 그리고 더 큰 공동체의 일부로서 호혜적 관계에 적용할 수 있다. 식물에게 배운 가르침이 세상을 바라보고 살아가는 대안적 방법, 그리고 어떤 사람들에게는 멘토로서 조언하고, 지도하고, 이끄는 완전히 다른 방법을 제시한다고 생각해 보자.

멘토와 리더를 비롯한 많은 이들은 개인의 힘으로 제 역할을 다하는 게 아니라 자기 인식을 촉진하는 방식으로 다른 이들과 관계를 유지한다. 그들은 확신**으로** 움직인다기보다는 확신**을** 찾고 있다.[3] 이런 개인들은 흔히 자신이 누구인지, 어디에 자리 잡아야 하는지, 그리고 어떤 목표와 비전을 추구해야 하는지 같은 중대한 질문의 답을 찾으려고 한다. 그들은 언제, 어디서, 무엇을 같은 질문에 대한 답을 이미 갖고 확신에 찬 위치에서 활동하기보다는 살아가면서 혹은 멘토링이나 앞장서서 이끄는 과정에서 목적의식 그리고/또는 외부 검증을 얻고자 노력한

다. 그들은 다른 이들에게 멘토로서 성공적으로 조언하
고 지도하고 이끌기 전에, 자신이 누구인지 자신이 무엇
을 제공할 수 있는지 알아야 한다.

시민, 멘토, 리더는 공동체에서 관계를 맺어갈 때 다
른 사람들과 호혜적으로 상호작용하는 것을 목표로 하기
보다는 자기중심적이고 자기 확신에 가득한 관점을 보이
기 쉽다. 자기중심적 조언과 지도는 내가 각인이라고 부
르는 형태, 즉 다른 사람이 자신의 행동이나 그룹의 일반
적 규범을 따르도록 지도하는 형태로 펼쳐진다.[4] 이러한
관계 맺기에서 멘토와 리더는 외부 검증을 중심에 두고
문화 변용을 촉진한다. 그들은 자신이 지나온 길과 추구
한 개인적 목표를 비롯해 자신이 내렸던 선택에 관한 확
인을 구한다.[5] 이런 유형의 멘토링과 리더십이 만연하고
있으며, 눈에 띄는 성공을 거둘 수도 있다. 하지만 (이미 정
해진 목적에서가 아니라) 목적을 찾는 위치에서 개입할 때는
그 범위와 영향이 제한적이다. 이는 사실상 개인적이고
내적인 탐색일 뿐 더 넓은 목적의 비전이 아니다.

대안적인 관점과 과정, 목표가 필요하다. 우리는 확립
된 '목적의 비전'을 구상하고 지향해야 하며, 살아가고 지
도하고 이끄는 환경 적응형 생활 방식이라고 내가 이름

붙인 방향으로 나아가야 한다. 식물처럼, 우리는 경험으로부터 배우고 효과가 없는 행동은 변화시켜야 한다. 이 과정은 비판적 자기 평가와 자기 성찰, 그리고 누가, 어디에서, 무엇이라는 질문에 대한 답을 알고 있다는 관점에서 활동하겠다는 약속에서 시작된다. 당신이 그렇게 했을 때 비로소 당신은 효과적으로 살아가고 지도하고 이끌 수 있다. 자기 성찰은 여러 가지 이유에서 매우 중요하다.

자기 성찰은 자신의 개인 목표와 포부를 명확하게 해줄 뿐 아니라 자신의 장단점을 인식하게 한다. 이런 이해를 통해 자신의 장점은 끌어들이고 약한 부분에서는 성장할 기회를 찾기 위한 적소를 파악할 수 있는 위치에 놓이게 된다. 진보적 멘토와 리더들이라면 적극적인 자기 성찰을 위한 시간을 확보하는 관행을 장려하고 설계할 것이다.[6] 이러한 인식의 지점, 자아감에서부터 (명확하게 정해진 목표를 향해 노력하기 위해) '문제를 해결하고' '내적으로 성장하거나' 혹은 목적의 개인적 비전을 실현할 수 있는 틈새, 즉 기회를 제공하는 위치로 나아갈 수 있다.

식물은 주변의 상황을 주시하고 자원의 이용 가능성을 가늠하는 수많은 센서를 가지고 있다. 그리고 표현형 가소성을 통해 생장과 발전을 외부 환경에 맞출 수 있고, 이는 식물이 반응을 조절할 수 있게 한다. 식물은 자원을 할당하는 방식에 대한 전략적 결정을 내리고, 자원의 이용 가능성을 변화 또는 증가시킴으로써 환경을 변화시키는 잠재력이 있는 행동을 시작할 수도 있다.

인간의 조직에서 감지 능력이 뛰어난 이들은 변화가 필요한 영역을 탐지하고, 건설적 행동을 장려하며, 전략적 결정을 촉진하는 데 중요한 역할을 한다. 이런 개인은 환경적 요인(일례로 경제적·기술적 또는 경쟁적 요인) 또는 사회문화적 요인(일례로 사회적 태도나 정치적 이념)의 변화를 신속하게 탐지하고, 개입이 가능한 지점을 파악해 이런 개입을 실행하는 다른 이들을 도울 수 있다.[7]

식물은 언제 경쟁심을 발휘하고 언제 더 신중하게 협력해야 할지 평가한다. 이런 결정을 내리기 위해 식물은 향상된 생장과 존속에서 얻는 이익 대비 에너지 비용을 저울질한다. 가령 식물은 일반적으로 햇빛에 우선 접근하기 위해 가까이 있는 식물보다 더 크게 자라려고 하지만, 이웃 식물이 이미 상당히 키가 커서 경쟁에서 질 가능성이 있다면 그 식물은 경쟁 본능을 약화시킬 것이다. 즉 식물은 자신의 생장과 생식을 뒷받침하는 능력을 개선하기 위해 경쟁이 필요하고 어느 정도 성공할 가능성이 있는 경우에만 경쟁한다. 그리고 경쟁을 통해 일단 원하는 결과를 얻으면 식물은 경쟁을 중단하고 존속하는 데 에너지를 쏟는다. 식물에게 경쟁의 핵심은 생존에 있지 승리의 전율을 느끼기 위함이 아니다.

경쟁을 추구하는 행위가 존속과 번성을 위해 반드시 요구될 때만 고귀한 대의임을 인간이 이해한다면 큰 도움이 될 것이다. 또 우리가 식물에게 배울 수 있는 가장 위대한 가르침 중 하나는 협력하는 행위에 힘이 있다는 것이다. 우리는 개인주의적인 성공 모델에 대한 지나친 의존에서 벗어나 회사든 대학이든 정부 또는 마을 공동체이든 간에 환경에 대한 반응이 집단적이고 협력적으로 추구될 때 일반적으로 향상된다는 것을 이해해야 한다.

식물은 협력 관계에 에너지를 투입하기 전에 비용과 이익을 따져본다. 식물은 환경 신호에 반응하는 비용을 분담하고 필요로 하는 것들을 인식하는 것이 생존과 생식의 향상이라는 측면에서 성과를 거둘 것인지 평가한다. 경쟁할지 협력할지에 대한 결정은 친족의 존재 여부에 영향을 받는다. 수많은 연구에서 밝혀진 바에 따르면, 이웃 식물이 가까운 친척 관계일 때 협력의 가능성은 더 커졌다. 식물을 포함한 많은 유기체는 친족이 가까이 있을 때 경쟁을 줄이거나 협력을 늘리는 것이 종 전체의 생존과 번성에 중대한 영향을 미친다는 것을 이해하고 있다.

인간은 상대적으로 친척의 범위가 좁은 편이다. 생물학적 친족 외에도 우리는 공통된 민족이나 인종, 성별 또는 사회·경제적 지위 같은 다소 편협한 정의에 근거해 가치를 공유했다고 여기는 이들을 실용적인 친족으로 포함하는 경향이 있다. 이런 관점은 우리가 누구와 친구가 될지, 누구와 같은 동네 또는 지역사회에서 함께 살지, 그리고 누구와 사회적 맥락에서 주기적으로 관계를 유지할지 결정할 때 영향을 미친다. 인간은 내가 보기에 비슷한 배경을 가진 이들과 친족 형태로 가까이 지내지만, 이는 사실 동종애Homophily로 알려진 개념이다.[8]

나는 친족 관계에 대한 우리의 생각을 재고할 때라고 느낀다. 조언이나 지도 역할을 맡은 사람의 주요 목표는 공동체에 속한 모든 구성원 사이에 동류의식을 증진하는 것이어야 한다. 그렇게 함으로써 특정 개인이 아닌 전체에 이익이 되는 전략적인 에너지 할당을 위한 결정을 쉽게 내릴 수 있다. 이 개념을 더 확장해 인류로서 우리, 그리고 지구의 건강과 지속은 우리가 친족에 대한 이해를 넓혀 전 세계 모든 사람을 포함하기로 결정할 때 좋은 결과를 얻게 될 것이다.

여러 다양한 종이 포진된 군락에 사는 식물은 그렇지 못한 군락에서 자라는 식물보다 더 잘 번성하고 더 생산적인 경향이 있다. 각각의 종들은 뚜렷한 형태와 존재 방식을 지닌 특정한 생태적 지위를 차지하고 있으며, 그들은 함께할 때 더 효율적으로 빛과 영양소는 물론 다른 자원들을 사용할 수 있다.

인간 환경에서 우리는 종종 특정한 위치에 오르는 성공으로 가는 외길을 옹호하고, 사람들에게 개인적 또는 직업적 진보를 위한 그들의 열망과 비전에 대해 질문하는 것을 조심스러워한다. 각각의 사람이 보유한 고유한 경험과 재능, 능력의 경지에 올랐을지 모르는 개개인의 다양성을 수용할 때 비로소 우리는 개인의 역량을 꽃 피우도록 격려하는 분위기에서 각자가 피워내는 수많은 독특한 개성의 '꽃'을 제대로 경험하게 될 것이다. 모두가 다양한 공동체들을 가치 있게 생각하고 장려하기 위해 각자의 몫을 해야겠지만, 책임은 최고 위치에 있는 사람들로부터 시작된다. 형평성 있는 접근 방식을 촉진하기 위

해서는 멘토와 리더가 다문화 역량과 문화적 의식이 있
는 관행을 추진해야 한다.[9] 그러기 위해서 그들 스스로 높
은 수준의 다문화 역량을 지녀야 한다.[10] 그러나 우리는
어떻게 다문화에 관한 이해를 높이고 포괄적인 성공의
문화를 장려하게 될까? 특히 광범위한 개인들이 함께 살
아가는 진보적 환경에서는 보통 환경을 돌보는 데 세심
한 관심을 기울이는 공동체의 구성원과 지도자들이 있
다. 그들은 정세를 평가하고 장벽을 확인하며 변화를 위
한 계획을 수립한다. 지원을 아끼지 않고 공정한 환경을
형성하고 유지하는지 감지하고 주시하는 것은 공동체에
기반한 사업이나 기업 및 학술 단체 모두에게 중요하다.[11]

다양성과 형평성을 증진하기 위해 리더들은 다양한
식물 종을 함께 재배하는 복합경작의 가르침을 기억하는
것이 좋을 것이다. 세 자매 농법은 개체들이 그들의 고유
한 능력과 강점, 행동을 호혜적으로 제공할 때 공동체가
얼마나 이익을 얻는지 보여준다. 인간은 우리가 종종 간
과하는 방식으로 상호 의존적이다. 더 공정한 결과를 원
한다면, 사람들의 다양한 재능을 키우고 그들 사이의 시
너지 효과와 협업을 촉진할 때 모두가 유익하다는 사실
을 인식하는 것이 현명할 것이다.

성공으로 가는 대안적 길을 택하는 데는 분명 위험
이 따르지만, 식물이 우리에게 선사한 가르침을 생각한
다면, 새로운 길을 무시할 때 더 큰 위험이 따를 수 있음을
깨닫게 될 것이다. 타고난 목적을 이루지 못한 식물(일례
로 존재하는 유일한 계절에 개화하지 못한 일년생 식물)은 미래
세대를 위해 꽃을 피우고 자손을 남기는 기회를 놓칠 위
험이 있다. 이 경우 개체 단독으로는 번식의 기회를 잃어
버린 셈이지만, 이 식물의 군락에서 살아가는 다른 식물
들도 이 식물이 군락에 기여하는 바를 더는 얻지 못하므
로 환경은 예전보다 퇴보하게 된다.

유효성이 증명된 길만을 옹호하는 집착으로 인해 각
각의 사람들이 선사하는 고유한 '꽃'을 확인하는 위험을
무릅쓰지 않으려고 할 때 우리는 큰 대가를 치를 수 있다.
우리의 공동체는 혁신, 새로운 사고방식, 그리고 개인들
의 고유한 기여로 풍요로워진다. 그러나 개인들이 제공
하는 새로운 것들을 환영하려면 특히 직업 환경에서 창
의성과 혁신, 기업가적 접근 방식에 대해 열린 마음이 필
요하다. 우리는 이런 선구적인 것들을 그저 장려하는 선
에서 그쳐서는 안 된다. 이를 반드시 인식하고 보상해야
한다.

식물이든 사람이든 선구자는 회복력이 있어야 한다. 식물은 홍수, 화재, 허리케인 같은 자연재해와 체르노빌의 방사능 참사 같은 인재로부터 회복하는 능력을 갖추고 있다. 그러나 우리가 회복력의 가치를 옹호할 때 우리가 속한 공동체의 구조와 관행, 그리고 실제로 조직이 다른 집단보다 소수의 소외된 집단에 더 강한 회복력과 끈기를 요구하는 것은 아닌지 자문할 필요가 있다.[12] 개인의 환경적 이력과 그 이력이 개인의 성과와 성장 및 변화의 잠재력에 어떻게 영향을 미치는지 반드시 고려해야 한다. 우리의 제도는 소수의 소외 집단 출신 사람들을 배제하고 창의성 중심의 활동보다는 과제 지향적인 활동을 장려했던 이력이 있다. 이런 상황에서 회복력을 유지하고 인내하는 데는 에너지가 필요하다. 따라서 멘토와 리더는 이러한 불평등한 요구를 초래하는 구조적 장벽을 무너뜨릴 책임이 있다. 이 장벽들은 개인이 성공할 수 있는 능력에 차별적으로 영향을 미친다. 회복력은 우리가 모두 추구해야 할 자질이지만 또한 우리가 뿌리내린 체계의 형평성에 세심한 주의를 기울이고 누구에게 회복력을 요구하는지 주의 깊게 살펴야 한다. 광범위한 개인들을 지원하는 환경을 조성하려는 리더들은 각 개인이 환경과 어떻게 상호작용하는지 예민하게 알아차리고, 필요한 경우 변화를 촉진하는 변형적 행동을 장려해야 할 것이다.

식물을 돌보는 방법을 되돌아보며 다른 이들과 상호작용할 때 좋은 결과를 얻을 것이다. 대부분 우리는 식물이 성장하고 번성하는 능력을 가졌다는 기대를 품고 있다. 그래서 식물이 잘 자라지 않으면, 환경의 적절한 상태(식물이 충분한 빛 또는 너무 많은 빛을 받고 있는가?)나 돌보는 사람으로서 우리의 능력에 대해 질문한다(내가 뭘 잘못하고 있나?). 우리는 그 즉시 식물에 결함이 있다고 믿지 않는다.

안타깝게도 우리는 어려움을 겪는 사람을 대할 때 그 개인에 대하여 그리고 그가 왜 특정한 환경에 적응하지 못하는지부터 질문하는 경우가 많다. 그런 반응은 문제가 환경이 아닌 그 사람에게 있다는 가정에 기반하고 있다. 이는 식물을 대하는 우리의 태도와는 현저한 대조를 보인다. 모든 조건이 같았다면 동일하게 자랐을 식물은 음지 또는 양지 같은 외부 생장 환경에 따라 아주 다른 결과를 보일 수 있다. 누군가의 성공 잠재력을 가늠하기 위해 우리는 그들이 속한 환경의 부정적인 영향과 긍정적인 영향을 모두 평가해야 한다. 그러면 우리는 어려움을 겪는 사람들을 돕기 위해 어떤 조정이나 적응이 필요한지 더 잘 알 수 있을 것이다.

　　우리는 또 리더십 역할을 고려할 때처럼 장기적인 환경변화를 계획할 때 식물의 가르침을 잘 활용할 수 있다. 어쩌면 우리도 변화의 주체들이 모인 진보적인 노선에서 첫 번째 역할을 할 선구자가 필요할지 모른다. 이 선구적인 개인들은 향후 다른 리더십 강점을 가진 지도자들이 유입될 때를 위해 공간을 마련하고 자원의 접근 경로를 개선한다. 특히 문화가 순차적으로 변화할 때, 각기 다른 강점을 지닌 지도자가 서로 다른 시기에 필요하다는 사실을 이해하기보다는 리더십에 대한 천편일률적 접근 방식을 가지고 있을 때가 너무 많다. 흔히 장기적인 결과보다 리더십의 장기적인 존재 여부를 우선시하는 것도 어려움 중 하나다. 선구적인 리더들은 조직에서 수명이 짧을 수 있다. 하지만 이들이 변화의 여지를 마련하고 새로운 과정을 구축하며 접근성을 향상시키는 데 성공한다면, 이후 혁신성은 다소 낮은 리더들이 진입해 더 오래 활동할 발판을 마련할 것이다. 생태계에 두 번째로 유입되

는 식물과 마찬가지로 두 번째로 등장하는 이러한 장기
적인 지도자들은 공동체를 지탱하기 위해 안정적이고 재
생 가능한 자원을 제공하는 체계를 자리 잡게 하는 귀중
한 임무를 이어받을 수 있다.

이렇게 상황을 앞서서 주도하는 계승 계획은 특히 모
든 것이 좋아 보이는 풍부한 시기에 중요하다. 계획하는
시간은 초기에 자주 마련한다. 식물은 개체와 군락의 성
공적인 성장을 추구하고 번식 같은 중요한 목표를 달성
하기 위한 에너지 필요량을 예의주시하며 미리 계획을
세운다. 식물은 에너지를 보충하고 전략적으로 할당할
수 있는 계획을 따른다.

인간도 현시점에서 자기 역할을 다하면서 계승을 위
해 앞서 계획을 세울 필요가 있다. 전략적 승계 계획을 위
해 리더는 현재 시점에서 적절하게 앞에서 이끄는 동시
에 미래에 필요한 것과 리더십의 전환을 예상해야 한다.
리더는 후임자가 필요하기 훨씬 이전에 이러한 전환에
대비하기 위해 후임자를 미리 파악하여 민첩하게 대처
해야 한다. 하지만 안타깝게도 현 상태를 유지하기 위해
지도자를 선택하거나 추대하는 경우가 많다. 감각이 주
도하는 리더십을 장려할 때 비로소 개인이나 공동체가

그들의 잠재력을 최대한 발휘하는 것을 보게 될 것이다.

　　리더는 그들이 속한 환경에서 환경을 돌보는 관리자로서 '센서' 역할을 해야 한다. 그들은 문지기가 아니라 구장 관리인 역할을 해야 한다.[13] 이런 유형의 진보적 리더십에서 리더와 멘토는 다른 사람들에게 자신에게 꼭 맞는 역할을 찾는 법, 환경이 성장과 행동에 미치는 영향을 평가하는 법, 경쟁에 대처하고 대응하는 법, 중요한 노력에 에너지를 할당하는 법, 그리고 환경사가 공동체의 구성원에 미치는 영향을 결정하는 법을 보여준다. 현명한 리더는 계승자에게 전술적 리더십 기술을 가르치기보다는 리더십 철학과 비전을 키워줘야 한다. 이러한 비전은 변화하는 환경에 적응하는 데 필요하며, 리더들이 다양한 공동체에서 잠재적 협력을 확인하고 혜택을 볼 수 있게 한다. 이 접근 방식은 리더가 특정 상황에서 누가 제 역할을 하며 번영할 수 있는지에 관한 개념화와 가정을 통해 누가 접근권을 확보할지 결정하는 전통적인 문지기(게이트키핑gatekeeping) 방식과 대비된다.[14] 이 독특한 형태의 리더십은 감각 중심적이고 환경 적응적이다. 또 개인에게 주의를 기울이는 동시에 이 개인들이 존재하는 생태계를 돌본다. 식물이 성공적으로 번성하는 데 필요로 하는 조건들을 인정하여 나는 이런 유형의 리더십을 토양관리(그라운드키핑groundkeeping)라고 부른다.

지난 수십 년에 걸쳐 나는 식물에게 아주 많은 것을 배웠다. 마음 깊이 고맙게 생각한다. 나는 또한 모든 이들이 감각을 중요시하는 삶을 살아가기를 바란다. 식물은 우리에게 어떻게 그렇게 할 수 있는지 보여준다. 우리는 주의를 기울이기만 하면 된다.

잠시 시간을 내서 주위를 둘러보자. 틀림없이 보이는 어딘가에 식물이 있을 것이다. 일 년 중 시기에 따라 혹은 지구상의 위치에 따라 씨앗에서 싹이 돋아나거나 꽃이 피는 것을 보거나 혹은 하늘을 배경으로 화려하게 물든 가을의 잎들을 볼 수 있을 것이다. 이런 모든 행동(발아, 개화, 단풍)은 식물이 어떻게 자기 자신 그리고 환경과 조화를 이루며 정적이지만 역동적인 그들의 세계에서 적응하고 다른 생물을 지탱하는지 우리에게 생생하게 보여준다.

서론: 식물이 살아남아 번성하는 방식

인용문. Robin Wall Kimmerer, *Braiding Sweetgrass: Indigenous Wisdom, Scientific Knowledge and the Teachings of Plants* (Minneapolis, MN: Milkweed Editions, 2013), 9.

1. 여기에서 논의는 종자를 통해 번식하는 식물에 초점을 둔다. 그러나 가령 양치류와 일부 이끼류 같은 식물은 포자를 통해 번식하고, 또 다른 식물들은 줄기, 뿌리줄기(땅속줄기), 구근 또는 덩이줄기로부터 다시 생장하는 재생 과정을 통해 무성생식이나 복제로 번식한다: Simon Lei, "Benefits and Costs of Vegetative and Sexual Reproduction in Perennial Plants: A Review of Literature", *Journal of the Arizona-Nevada Academy of Science* 42 (2010): 9-14.

2. James H. Wandersee and Elisabeth E. Schussler, "Preventing Plant Blindness", *American Biology Teacher* 61, no. 2 (1999): 82-86; James H. Wandersee and Elisabeth E. Schussler, "Toward a

Theory of Plant Blindness", *Plant Science Bulletin* 17 (2001): 2-9.

3. Sami Schalk, "Metaphorically Speaking: Ableist Metaphors in Feminist Writing", *Disability Studies Quarterly* 33, no. 4 (2013): 3874.

4. Mung Balding and Kathryn J. H. Williams, "Plant Blindness and the Implications for Plant Conservation", *Conservation Biology* 30 (2016): 1192.

5. Balding and Williams, "Plant Blindness"; Caitlin McDonough MacKenzie, Sara Kuebbing, Rebecca S. Barak, et al., "We Do Not Want to 'Cure Plant Blindness' We Want to Grow Plant Love", *Plants, People, Planet* 1, no. 3 (2019): 139-141. Balding과 Williams는 '식맹'을 식물에 대한 '편견'으로 서술한다. 그들의 논의는 '식물 편견'이라는 용어의 사용뿐 아니라 식물에 대한 편견을 줄여 식물에 대한 인식 향상으로 이어져야 한다는 내 제안에 영향을 미쳤다.

6. 굴광성으로 알려진, 줄기가 구부러지는 현상은 다윈의 식물에 관한 논문에서 언급되었다: Charles Darwin, *The Power of Movement in Plants* (London: John Murray, 1880), 449. 이 현상은 옥신 호르몬에 의해 조절되며, Briggs와 동료 연구진의 비교적 초기 연구를 비롯해 오랜 기간 현재까지 실험적으로 연구되었다. Winslow R. Briggs, Richard D. Tocher, and James F. Wilson, "Phototropic Auxin Redistribution in Corn Coleoptiles", *Science* 126, no. 3266 (1957): 210-212.

7. Edward J. Primka and William K. Smith, "Synchrony in Fall Leaf Drop: Chlorophyll Degradation, Color Change, and Abscission Layer Formation in Three Temperate Deciduous Tree Species", *American Journal of Botany* 106, no. 3 (2019): 377-388.

8. Fernando Valladares, Ernesto Gianoli, and José M. Gómez,

"Ecological Limits to Plant Phenotypic Plasticity", *New Phytologist* 176 (2007): 749-763.

9. 환경 신호가 세포 내 센서에 의해 감지되어 내부적으로 소통되는 과정을 신호전달이라고 한다. Abdul Razaque Memon and Camil Durakovic, "Signal Perception and Transduction in Plants", *Periodicals of Engineering and Natural Sciences* 2, no. 2 (2014): 15-29; Harry B. Smith, "Constructing Signal Transduction Pathways in Arabidopsis", *Plant Cell* 11 (1999): 299-301.

10. Sean S. Duffey and Michael J. Stout, "Antinutritive and Toxic Components of Plant Defense against Insects", *Archives of Insect Biochemistry and Physiology* 32 (1996): 3-37.

11. David C. Baulcombe and Caroline Dean, "Epigenetic Regulation in Plant Responses to the Environment", *Cold Spring Harbor Perspectives in Biology* 6 (2014): a019471; Paul F. Gugger, Sorel Fitz-Gibbon, Matteo Pellegrini, and Victoria L. Sork, "Species-wide Patterns of DNA Methylation Variation in Quercus lobata and Their Association with Climate Gradients", *Molecular Ecology* 25, no. 8 (2016): 1665-1680; Sonia E. Sultan, "Developmental Plasticity: Re-conceiving the Genotype", *Interface Focus* 7, no. 5 (2017): 20170009.

12. 태양 추적 식물은 햇빛에 대한 노출을 극대화하거나 꽃가루 매개체의 방문을 촉진하기 위해 잎과 꽃이 태양을 따라 움직이게 하는 것으로 보인다. M. P. M. Dicker, J. M. Rossiter, I. P. Bond, and P. M. Weaver, "Biomimetic Photo-actuation: Sensing, Control and Actuation in Sun Tracking Plants", *Bioinspiration & Biomimetics* 9 (2014): 036015; Hagop S. Atamian, Nicky M. Creux, Evan A. Brown, et al., "Circadian Regulation of Sunflower Heliotropism,

Floral Orientation, and Pollinator Visits", *Science* 353, no. 6299 (2016): 587–590; Joshua P. Vandenbrink, Evan A. Brown, Stacey L. Harmer, and Benjamin K. Blackman, "Turning Heads: The Biology of Solar Tracking in Sunflower", *Plant Science* 224 (2014): 20–26.

13. Angela Hodge, "Root Decisions", *Plant, Cell &Environment* 32, no. 6 (2009): 628–640; Efrat Dener, Alex Kacelnik, and Hagai Shemesh, "Pea Plants Show Risk Sensitivity", *Current Biology* 26, no. 12 (2016): 1–5.

14. Jason D. Fridley, "Plant Energetics and the Synthesis of Population and Ecosystem Ecology", *Journal of Ecology* 105 (2017): 95–110.

15. Monica Gagliano, Michael Renton, Martial Depczynski, and Stefano Mancuso, "Experience Teaches Plants to Learn Faster and Forget Slower in Environments Where It Matters", *Oecologia* 175, no. 1 (2014): 63–72; Monica Gagliano, Charles I. Abramson, and Martial Depczynski, "Plants Learn and Remember: Lets Get Used to It", *Oecologia* 186, no. 1 (2018): 29–31.

16. Michael Marder, "Plant Intentionality and the Phenomenological Framework of Plant Intelligence", *Plant Signaling &Behavior* 7, no. 11 (2012): 1365–1372.

17. Marder, "Plant Intentionality."

18. 이 견해를 옹호하는 의견은 다음을 참조하라. Stefano Mancuso and Alessandra Viola, *Brilliant Green: The Surprising History and Science of Plant Intelligence* (Washington, DC: Island Press, 2015); Paco Calvo, Monica Gagliano, Gustavo M. Souza, and Anthony Trewavas, "Plants Are Intelligent, Here's How", *Annals of*

Botany 125, no. 1 (2020): 11-28. 이에 동의하지 않으면 다음을 보라. Richard Firn, "Plant Intelligence: An Alternative Point of View", *Annals of Botany* 93, no.4 (2004): 345-351; Daniel Kolitz, "Are Plants Conscious?" *Gizmodo*, May 28, 2018, https://gizmodo.com/areplants-conscious-1826365668; Denyse O'Leary, "Scientists: Plants Are NOT Conscious!", *Mind Matters*, July 8, 2019, https://mindmattersai/2019/07/scientists-plants-are-not-conscious/. 반대자들의 의견은 Daniel A. Chamowitz, "Plants Are Intelligent—Now What", *Nature Plants* 4 (2018): 622-623. 논쟁에 대한 전반적 개요는 다음을 참조하라. Ephrat Livni, "A Debate over Plant Consciousness Is Forcing Us to Confront the Limitations of the Human Mind", *Quartz*, June, 3, 2018, https://qz.com/1294941/a-debate-over-plant-consciousness-isforcing-us-to-confront-the-limitations-of-the-human-mind/.

19. Irwin N. Forseth, and Anne F. Innis, "Kudzu(Pueraria montana): History, Physiology, and Ecology Combine to Make a Major Ecosystem Threat", *Critical Reviews in Plant Sciences* 23, no. 5 (2004): 401-413.

1. 환경에 맞추어 자신을 조율하고 조절하기

인용문. Barbara McClintock, quoted in Evelyn Fox Keller, *A Feeling for the Organism: The Life and Work of Barbara McClintock* (New York: W. H. Freeman, 1983), 199-200.

1. Tomoko Shinomura, "Phytochrome Regulation of Seed Germination", *Journal of Plant Research* 110 (1997): 151-161.

2. Ludwik W. Bielczynski, Gert Schansker, and Roberta Croce, "Effect of Light Acclimation on the Organization of Photosystem II Super-and Sub-Complexes in *Arabidopsis thaliana*", *Frontiers in Plant Science* 7 (2016): 105; N. Friedland, S. Negi, T. Vinogradova-Shah, et al., "Fine-tuning the Photosynthetic Light Harvesting Apparatus for Improved Photosynthetic Efficiency and Biomass Yield", *Scientific Reports* 9 (2019): 13028; Norman P. A. Huner, Gunnar Öquist, and Anastasios Melis, "Photostasis in Plants, Green Algae and Cyanobacteria: The Role of Light Harvesting Antenna Complexes", in *Light-Harvesting Antennas in Photosynthesis*, ed. Beverley Green and William W. Parson (Dordrecht: Springer Netherlands, 2003), 401–421; Beronda L. Montgomery, "Seeing New Light: Recent Insights into the Occurrence and Regulation of Chromatic Acclimation in Cyanobacteria", *Current Opinion in Plant Biology* 37 (2017): 18–23.

3. Tegan Armarego-Marriott, Omar Sandoval Ibanez, and Łucja Kowalewska, "Beyond the Darkness: Recent Lessons from Etiolation and De-etiolation Studies", *Journal of Experimental Botany* 71, no 4 (2020): 1215–1225.

4. Beronda L. Montgomery, "Spatiotemporal PhytochromeSignaling during Photomorphogenesis: From Physiology to Molecular Mechanisms and Back", *Frontiers in Plant Science* 7 (2016): 480; Sookyung Oh, Sankalpi N. Warnasooriya, and Beronda L. Montgomery, "Downstream Effectors of Light-and Phytochrome-Dependent Regulation of Hypocotyl Elongation in Arabidopsis thaliana", *Plant Molecular Biology* 81, no. 6 (2013): 627–640;

Sankalpi N. Warnasooriya and Beronda L. Montgomery, "Spatial-Specific Regulation of Root Development by Phytochromes in Arabidopsis thaliana", *Plant Signaling &Behavior* 6, no. 12 (2011): 2047–2050.

5. Oh et al., "Downstream Effectors"; Warnasooriya and Montgomery, "Spatial-Specific Regulation."

6. Ariel Novoplansky, "Developmental Plasticity in Plants: Implications of Non-cognitive Behavior", *Evolutionary Ecology* 16, no. 3 (2002): 177–188, 183; Christine M. Palmer, Susan M. Bush, and Julin N. Maloof, "Phenotypic and Developmental Plasticity in Plants," *eLS*, Wiley Online Library, posted June 15, 2012, doi:10.1002 / 9780470015902.a0002092.pub2.

7. Montgomery, "Spatiotemporal Phytochrome Signaling."

8. Novoplansky, "Developmental Plasticity in Plants"; Stephen C. Stearns, "The Evolutionary Significance of Phenotypic Plasticity: Phenotypic Sources of Variation among Organisms Can Be Described by Developmental Switches and Reaction Norms", *BioScience* 39, no. 7 (1989): 436–445; Palmer et al., "Phenotypic and Developmental Plasticity in Plants."

9. Novoplansky, "Developmental Plasticity in Plants", 179–180.

10. 그러나 장기간 지속되는 스트레스 상황에서는 수확량과 씨앗을 맺는 정도를 조절하는 능력에 제약이 생긴다. M. W. Adams, "Basis of Yield Component Compensation in Crop Plants with Special Reference to the Field Bean, Phaseolus vulgaris", *Crop Science* 7, no. 5 (1967): 505–510.

11. Maaike De Jong and Ottoline Leyser, "Developmental Plasticity in Plants", in *Cold Spring Harbor Symposia on Quantitative*

Biology, vol. 77 (Cold Spring Harbor, NY: Cold Spring Harbor
Laboratory Press, 2012), 63–73; Stearns, "The Evolutionary
Significance of Phenotypic Plasticity."

12. Kerry L. Metlen, Erik T. Aschehoug, and Ragan M. Callaway,
"Plant Behavioural Ecology: Dynamic Plasticity in Secondary
Metabolites", *Plant, Cell & Environment* 32 (2009): 641–653.

13. Tânia Sousa, Tiago Domingos, J.-C. Poggiale, and S. A. L. M.
Kooijman, "Dynamic Energy Budget Theory Restores Coherence
in Biology", *Philosophical Transactions of the Royal Society B*
365, no. 1557 (2010): 3413–3428.

14. Fritz Geiser, "Conserving Energy during Hibernation", *Journal of
Experimental Biology* 219 (2016): 2086–2087.

15. 식물이 자신의 생활환에 걸쳐 형태를 바꾸는 능력은 인간을 포함
한 포유류와 가장 뚜렷하게 구분되는 관찰 가능한 생장 반응이다.
Ottoline Leyser, "The Control of Shoot Branching: An Example
of Plant Information Processing", *Plant, Cell & Environment* 32,
no. 6 (2009): 694–703; Metlen et al, "Plant Behavioural Ecology";
Anthony Trewavas, "What Is Plant Behaviour?", *Plant, Cell &
Environment* 32 (2009): 606–616.

16. Carl D. Schlichting, "The Evolution of Phenotypic Plasticity in
Plants", *Annual Review of Ecology and Systematics* 17, no. 1
(1986): 667–693; Fernando Valladares, Ernesto Gianoli, and José
M. Gómez, "Ecological Limits to Plant Phenotypic Plasticity", *New
Phytologist* 176 (2007): 749–763.

17. 잎의 위치를 바꾸기 위한 잎자루의 움직임은 하편 생장으로 알려
져 있다. 잎들이 아래로 움직이는 것은 상편 생장이라고 한다. 이
과정은 에틸렌과 옥신 같은 식물 호르몬에 의해 조절된다.; Jae

Young Kim, Young-Joon Park, June-Hee Lee, and Chung-Mo Park, "Developmental Polarity Shapes Thermo-Induced Nastic Movements in Plants", *Plant Signaling & Behavior* 14, no. 8 (2019): 1617609.

18. Sarah Courbier and Ronald Pierik, "Canopy Light Quality Modulates Stress Responses in Plants", iScience 22 (2019): 441–452; Diederik H. Keuskamp, Rashmi Sasidharan, and Ronald Pierik, "Physiological Regulation and Functional Significance of Shade Avoidance Responses to Neighbors", *Plant Signaling & Behavior* 5, no. 6 (2010): 655662; Hans de Kroon, Eric J. W. Visser, Heidrun Huber, et al., "A Modular Concept of Plant Foraging Behaviour: The Interplay between Local Responses and Systemic Control", *Plant, Cell & Environment* 32, no. 6 (2009): 704–712.

19. 온도 의존 하편 생장과 유사하게 빛 의존 하편 생장은 식물 기관의 한 표면에서 팽압의 변화나 각기 다른 생장으로 인해 발생하는데, 이 때 에틸렌(특히 잎자루)과 옥신을 비롯한 호르몬이 매개 역할을 한 다: Joanna K. Polko, Laurentius A. C. J. Voesenek, Anton J. M. Peeters, and Ronald Pierik, "Petiole Hyponasty: An Ethylene-Driven, Adaptive Response to Changes in the Environment", *AoB Plants* 2011 (2011): plr031.

20. 주가 되는 가지, 즉 주지가 있을 때 곁가지의 생성과 생장을 억제하는 현상은 정아우세로 알려져 있으며, 이는 식물에서 호르몬이 조절하는 과정이다: Leyser, "The Control of Shoot Branching", 695; Francois F. Barbier, Elizabeth A. Dun, and Christine A. Beveridge, "Apical Dominance", *Current Biology* 27 (2017): R864–R865.

21. David C. Baulcombe and Caroline Dean, "Epigenetic Regulation

in Plant Responses to the Environment", *Cold Spring Harbor Perspectives in Biology* 6 (2014): a019471; Sonia E. Sultan, "Developmental Plasticity: Re-Conceiving the Genotype", *Interface Focus* 7, no. 5 (2017): 20170009.

22. Paul F. Gugger, Sorel Fitz-Gibbon, Matteo Pellegrini, and Victoria L. Sork, "Species-Wide Patterns of DNA Methylation Variation in Quercus lobata and Their Association with Climate Gradients", *Molecular Ecology* 25, no. 8 (2016): 1665–1680.

23. Quinn M. Sorenson and Ellen I. Damschen, "The Mechanisms Affecting Seedling Establishment in Restored Savanna Understories Are Seasonally Dependent", *Journal of Applied Ecology* 56, no. 5 (2019): 1140–1151.

24. Angela Hodge, "Plastic Plants and Patchy Soils", *Journal of Experimental Botany* 57, no. 2 (2006): 401–411.

25. Angela Hodge, David Robinson, and Alastair Fitter, "Are Microorganisms More Effective than Plants at Competing for Nitrogen?", *Trends in Plant Science* 5, no. 7 (2000): 304–308; Ronald Pierik, Liesje Mommer, and Laurentius A. C. J. Voesenek, "Molecular Mechanisms of Plant Competition: Neighbour Detection and Response Strategies", *Functional Ecology* 27, no. 4 (2013): 841–853.

26. Sultan, "Developmental Plasticity", 3; Brian G. Forde and Pia Walch-Liu, "Nitrate and Glutamate as Environmental Cues for Behavioural Responses in Plant Roots", *Plant, Cell & Environment*, 32, no. 6 (2009): 682–693.

27. Hagai Shemesh, Ran Rosen, Gil Eshel, Ariel Novoplansky, and Ofer Ovadia, "The Effect of Steepness of Temporal Resource

Gradients on Spatial Root Allocation", *Plant Signaling & Behavior* 6, no. 9 (2011): 1356–1360.

28. Jocelyn E. Malamy and Katherine S. Ryan, "Environmental Regulation of Lateral Root Initiation in Arabidopsis", *Plant Physiology* 127, no. 3 (2001): 899; Hidehiro Fukaki, and Masao Tasaka, "Hormone Interactions during Lateral Root Formation", *Plant Molecular Biology* 69, no. 4 (2009): 437–449.

29. Xucan Jia, Peng Liu, and Jonathan P. Lynch, "Greater Lateral Root Branching Density in Maize Improves Phosphorus Acquisition for Low Phosphorus Soil", *Journal of Experimental Botany* 69, no. 20 (2018): 4961–4970; Angela Hodge, "Root Decisions", *Plant, Cell & Environment* 32 (2009): 628–640; Angela Hodge, "The Plastic Plant: Root Responses to Heterogeneous Supplies of Nutrients", *New Phytologist* 162 (2004): 9–24.

30. Xue-Yan Liu, Keisuke Koba, Akiko Makabe, and Cong-Qiang Liu, "Nitrate Dynamics in Natural Plants: Insights Based on the Concentration and Natural Isotope Abundances of Tissue Nitrate", *Frontiers in Plant Science* 5 (2014): 355; Leyser, "The Control of Shoot Branching", 699.

31. Hagai Shemesh, Adi Arbiv, Mordechai Gersani, Ofer Ovadia, and Ariel Novoplansky, "The Effects of Nutrient Dynamics on Root Patch Choice", *PLOS One* 5, no. 5 (2010): e10824; M. Gersani, Z. Abramsky, and O. Falik, "Density-Dependent Habitat Selection in Plants", *Evolutionary Ecology* 12, no. 2 (1998): 223–234; Jia, Liu, and Lynch, "Greater Lateral Root Branching Density in Maize."

32. Beronda L. Montgomery, "Processing and Proceeding", Beronda L. Montgomery website, May 3, 2020, http://www.

berondamontgomery.com/writing/processing-and-proceeding/.

2. 경쟁하고 협력하며 친족 범위 넓히기

인용문. Masaru Emoto, *The Hidden Messages in Water*, trans. David A. Thayne (Hillsboro, OR: Beyond Words Publishing, 2004), 46.

1. Patricia Hornitschek, Séverine Lorrain, Vincent Zoete, et al., "Inhibition of the Shade Avoidance Response by Formation of Non-DNA Binding bHLH Heterodimers", *EMBO Journal* 28, no. 24 (2009): 3893–3902; Ronald Pierik, Liesje Mommer, and Laurentius A. C. J. Voesenek, "Molecular Mechanisms of Plant Competition: Neighbour Detection and Response Strategies", *Functional Ecology* 27, no. 4 (2013): 841–853; Céline Sorin, Mercè Salla-Martret, Jordi Bou-Torrent, et al., "ATHB4, a Regulator of Shade Avoidance, Modulates Hormone Response in Arabidopsis Seedlings", *Plant Journal* 59, no. 2 (2009): 266–277.

2. Adrian G. Dyer, "The Mysterious Cognitive Abilities of Bees: Why Models of Visual Processing Need to Consider Experience and Individual Differences in Animal Performance", *Journal of Experimental Biology* 215, no. 3 (2012): 387–395.

3. Richard Karban and John L. Orrock, "A Judgment and Decision-Making Model for Plant Behavior", *Ecology* 99, no. 9 (2018): 1909–1919; Dimitrios Michmizos and Zoe Hilioti, "A Roadmap towards a Functional Paradigm for Learning and Memory in Plants", *Journal of Plant Physiology* 232 (2019): 209–215.

4. Mieke de Wit, Wouter Kegge, Jochem B. Evers, et al., "Plant

Neighbor Detection through Touching Leaf Tips Precedes Phytochrome Signals", *Proceedings of the National Academy of Sciences of the United States of America* 109, no. 36 (2012): 14705-14710.

5. Monica Gagliano, "Seeing Green: The Re-discovery of Plants and Nature's Wisdom", *Societies* 3, no. 1 (2013): 147-157.

6. Richard Karban and Kaori Shiojiri, "Self-Recognition Affects Plant Communication and Defense", *Ecology Letters* 12, no. 6 (2009): 502-506; Richard Karban, Kaori Shiojiri, Satomi Ishizaki, et al., "Kin Recognition Affects Plant Communication and Defence", *Proceedings of the Royal Society B* 280 (2013): 20123062.

7. Amitabha Das, Sook-Hee Lee, Tae Kyung Hyun, et al., "Plant Volatiles as Method of Communication", *Plant Biotechnology Reports* 7, no. 1 (2013): 9-26.

8. Donald F. Cipollini and Jack C. Schultz, "Exploring Cost Constraints on Stem Elongation in Plants Using Phenotypic Manipulation", *American Naturalist* 153, no. 2 (1999): 236-242.

9. Jonathan P. Lynch, "Root Phenes for Enhanced Soil Exploration and Phosphorus Acquisition: Tools for Future Crops", *Plant Physiology* 156, no. 3 (2011): 1041-1049.

10. Ariel Novoplansky, "Picking Battles Wisely: Plant Behaviour under Competition", *Plant, Cell and Environment* 32, no. 6 (2009): 726-741.

11. Michal Gruntman, Dorothee Groß, Maria Májeková, and Katja Tielbörger, "Decision-Making in Plants under Competition", *Nature Communications* 8 (2017): 2235.

12. 식물이 그늘져 있을 때 일어나는 에너지 분배의 변화는 각기 다른 생

장의 원인이 되는 옥신, 그리고 줄기와 잎자루의 생장을 위한 에너지 자원을 충분히 이용하기 위해 잎의 발달을 막는 시토키닌을 비롯한 많은 호르몬과 관련 있다. 일부 식물에서는 음지에서 에틸렌과 브라시노스테로이드가 잎자루의 신장을 촉진하는 반면 아브시스산은 가지의 분기를 억제한다. Diederik H. Keuskamp, Rashmi Sasidharan, and Ronald Pierik, "Physiological Regulation and Functional Significance of Shade Avoidance Responses to Neighbors", *Plant Signaling & Behavior* 5, no. 6 (2010): 655–662; Pierik et al., "Molecular Mechanisms of Plant Competition"; Chuanwei Yang and Lin Li, "Hormonal Regulation in Shade Avoidance", *Frontiers in Plant Science* 8 (2017): 1527.

13. Irma Roig-Villanova and Jaime Martínez-García, "Plant Responses to Vegetation Proximity: A Whole Life Avoiding Shade", *Frontiers in Plant Science* 7 (2016): 236; Kasper van Gelderen, Chiakai Kang, Richard Paalman, et al., "Far-Red Light Detection in the Shoot Regulates Lateral Root Development through the HY5 Transcription Factor", *Plant Cell* 30, no. 1 (2018): 101–116.

14. Jelmer Weijschedé, Jana Martínková, Hans de Kroon, and Heidrun Huber, "Shade Avoidance in Trifolium repens: Costs and Benefits of Plasticity in Petiole Length and Leaf Size", *New Phytologist* 172 (2006): 655–666.

15. M. Franco, "The Influence of Neighbours on the Growth of Modular Organisms with an Example from Trees", *Philosophical Transactions of the Royal Society of London. B, Biological Sciences* 313, no. 1159 (1986): 209–225.

16. Andreas Möglich, Xiaojing Yang, Rebecca A. Ayers, and Keith Moffat, "Structure and Function of Plant Photoreceptors", *Annual*

Review of Plant Biology 61 (2010): 21-47; Inyup Paik and Enamul Huq, "Plant Photoreceptors: Multifunctional Sensory Proteins and Their Signaling Networks", *Seminars in Cell & Developmental Biology* 92 (2019): 114-121.

17. Gruntman et al., "Decision-Making." 이 과정과 관련된 식물 호르몬으로는 옥신, 지베렐린, 에틸렌이 있으며, 이 중 에틸렌은 바나나와 사과의 숙성을 촉진하는 역할로 잘 알려져 있다. 이 내용에 관한 서술은 다음을 참조하라. Lin Ma, and Gang Li, "Auxin-Dependent Cell Elongation during the Shade Avoidance Response", *Frontiers in Plant Science* 10(2019):914 그리고 Ronald Pierik, Eric J.W. Visser, Hans de Kroon, and Laurentius A. C. J. Voesenek, "Ethylene is Required in Tobacco to Successfully Compete with Proximate Neighbours", *Plant, Cell & Environment* 26, no. 8 (2003): 1229-1234.

18. 유전자의 전달 가능성이 커지면서 친족 식물 간에 이타주의가 발생한다고 일반적으로 추정한다. 그러나 생존에 큰 영향을 미치지 않는 많은 유전자가 포함된 대량 유전자 확산이라기보다는 친족 선택을 촉진하는 생존 유전자 또는 이타 유전자로 불리는 특정 유전자가 전달될 가능성이 크다. Justin H. Park, "Persistent Misunderstandings of Inclusive Fitness and Kin Selection: Their Ubiquitous Appearance in Social Psychology Textbooks", *Evolutionary Psychology* 5, no. 4 (2007): 860-873.

19. Guillermo P. Murphy and Susan A. Dudley, "Kin Recognition: Competition and Cooperation in Impatiens (Balsaminaceae)", *American Journal of Botany* 96, no. 11 (2009): 1990-1996.

20. María A. Crepy and Jorge J. Casal, "Photoreceptor-Mediated Kin Recognition in Plants", *New Phytologist* 205, no. 1 (2015):

329–338; Murphy and Dudley, "Kin Recognition."

21. Heather Fish, Victor J. Lieffers, Uldis Silins, and Ronald J. Hall, "Crown Shyness in Lodgepole Pine Stands of Varying Stand Height, Density, and Site Index in the Upper Foothills of Alberta", *Canadian Journal of Forest Research* 36, no. 9 (2006): 2104–2111; Francis E. Putz, Geoffrey G. Parker, and Ruth M. Archibald, "Mechanical Abrasion and Intercrown Spacing", *American Midland Naturalist* 112, no. 1 (1984): 24–28.

22. Franco, "The Influence of Neighbours on the Growth of Modular Organisms"; Alan J. Rebertus, "Crown Shyness in a Tropical Cloud Forest", *Biotropica* vol. 20, no. 4 (1988): 338–339.

23. Tomáš Herben and Ariel Novoplansky, "Fight or Flight: Plastic Behavior under Self-Generated Heterogeneity", *Evolutionary Ecology* 24, no. 6 (2010): 1521–1536.

24. Mieke de Wit, Gavin M. George, Yetkin Çaka Ince, et al., "Changes in Resource Partitioning Between and Within Organs Support Growth Adjustment to Neighbor Proximity in Brassicaceae Seedlings", *Proceedings of the National Academy of Sciences of the United States of America* 115, no. 42 (2018): E9953–E9961; Charlotte M. M. Gommers, Sara Buti, Danuše Tarkowská, et al., "Organ-Specific Phytohormone SynthesisFar-red Light Enrichment", *Plant Direct* 2 (2018): 1–12; Yang and Li, "Hormonal Regulation in Shade Avoidance."

25. S. Mathur, L. Jain, and A. Jajoo, "Photosynthetic Efficiency in Sun and Shade Plants", *Photosynthetica* 56, no. 1 (2018): 354–365.

26. Crepy and Casal, "Photoreceptor-Mediated Kin Recognition"; Gruntman et al., "Decision-making."

27. Robert Axelrod and William D. Hamilton, "The Evolution of Cooperation", *Science* 211, no. 4489 (1981): 1390–1396.

28. Joseph M. Craine and Ray Dybzinski, "Mechanisms of Plant Competition for Nutrients, Water and Light", *Functional Ecology* 27, no. 4 (2013): 833–840; M. Gersani, Z. Abramsky, and O. Falik, "Density-Dependent Habitat Selection in Plants", *Evolutionary Ecology* 12, no. 2 (1998): 223–234.

29. H. Marschner and V. Römheld, "Strategies of Plants for Acquisition of Iron", *Plant and Soil* 165, no. 2 (1994): 261–274; Ricardo F. H. Giehl and Nicolaus von Wirén, "Root Nutrient Foraging", *Plant Physiology* 166, no. 2 (2014): 509–517; Daniel P. Schachtman, Robert J. Reid, and Sarah M. Ayling, "Phosphorus Uptake by Plants: From Soil to Cell", *Plant Physiology* 116, no. 2 (1998): 447–453.

30. Felix D. Dakora and Donald A. Phillips, "Root Exudates as Mediators of Mineral Acquisition in Low-nutrient Environments", *Plant and Soil* 245 (2002): 35–47; Jordan Vacheron, Guilhem Desbrosses, Marie-Lara Bouffaud, et al., "Plant Growth-promoting Rhizo in Two Geranium Species with Antithetical Responses to bacteria and Root System Functioning", *Frontiers in Plant Science* 4 (2013): 356.

31. H. Jochen Schenk, "Root Competition: Beyond Resource Depletion", *Journal of Ecology* 94, no. 4 (2006): 725–739.

32. Susan A. Dudley and Amanda L. File, "Kin Recognition in an Annual Plant", *Biology Letters* 3, no. 4 (2007): 435–438. 이런 반응은 흔히 '투입 일치(input-matching 규칙)'에 영향을 받는 경쟁과 관련이 있는데, 이는 이용 가능한 자원의 양, 즉 에너지 투입량이 동

족 혹은 동족이 아닌 경쟁자의 존재에 따라 조정되는 행동에 영향
을 미치는 것을 뜻한다: Geoffrey A. Parker, "Searching for Mates",
in *Behavioural Ecology: An Evolutionary Approach*, ed. John
R. Krebs and Nicholas B. Davies (Oxford: Blackwell Scientific,
1978), 214-244.

33. Meredith L. Biedrzycki, Tafari A. Jilany, Susan A. Dudley, and
    Harsh P. Bais, "Root Exudates Mediate Kin Recognition in Plants",
    Communicative and Integrative Biology 3, no. 1 (2010): 28-35.

34. Richard Karban, Louie H. Yang, and Kyle F. Edwards, "Volatile
    Communication between Plants That Affects Herbivory: A Meta-
    Analysis", *Ecology Letters* 17, no. 1 (2014): 44-52.

35. Justin B. Runyon, Mark C. Mescher, and Consuelo M. De Moraes,
    "Volatile Chemical Cues Guide Host Location and Host Selection
    by Parasitic Plants", *Science* 313, no. 5795 (2006): 1964-1967.

36. Kathleen L Farquharson, "A Sesquiterpene Distress Signal
    Transmitted by Maize", *Plant Cell* 20, no. 2 (2008): 244; Pierik et
    al, "Molecular Mechanisms of Plant Competition", 844.

37. Robin Wall Kimmerer, *Braiding Sweetgrass: Indigenous
    Wisdom, Scientific Knowledge and the Teachings of Plants*
    (Minneapolis, MN: Milkweed Editions, 2015), 133; Janet I. Sprent,
    "Global Distribution of Legumes", in *Legume Nodulation: A
    Global Perspective* (Oxford: Wiley-Blackwell, 2009), 35-50;
    Jungwook Yang, Joseph W. Kloepper, and Choong-Min Ryu,
    "Rhizosphere Bacteria Help Plants Tolerate Abiotic Stress", *Trends
    in Plant Science* 14, no. 1 (2009): 1-4; Sally E. Smith and David
    Read, "Introduction", in *Mycorrhizal Symbiosis*, 3rd ed. (London:
    Academic Press, 2008), 1-9.

38. Yina Jiang, Wanxiao Wang, Qiujin Xie, et al., "Plants Transfer Lipids to Sustain Colonization by Mutualistic Mycorrhizal and Parasitic Fungi", *Science* 356, no. 6343 (2017): 1172–1175; Andreas Keymer, Priya Pimprikar, Vera Wewer, et al., "Lipid Transfer From Plants to Arbuscular Mycorrhiza Fungi", *eLIFE* 6 (2017): e29107; Leonie H. Luginbuehl, Guillaume N. Menard, Smita Kurup, et al., "Fatty Acids in Arbuscular Mycorrhizal Fungi Are Synthesized by the Host Plant", *Science* 356, no. 6343 (2017): 1175–1178; Tamir Klein, Rolf T. W. Siegwolf, and Christian Körner, "Belowground Carbon Trade among Tall Trees in a Temperate Forest", *Science* 352, no. 6283 (2016): 342–344.

39. Mathilde Malbreil, Emilie Tisserant, Francis Martin, and Christophe Roux, "Genomics of Arbuscular Mycorrhizal Fungi: Out of the Shadows", *Advances in Botanical Research* 70 (2014): 259–290.

40. Zdenka Babikova, Lucy Gilbert, Toby J. A. Bruce, et al., "Underground Signals Carried through Common Mycelial Networks Warn Neighbouring Plants of Aphid Attack", *Ecology Letters* 16, no. 7 (2013): 835–843.

41. Amanda L. File, John Klironomos, Hafiz Maherali, and Susan A. Dudley, "Plant Kin Recognition Enhances Abundance of Symbiotic Microbial Partner", *PLOS One* 7, no. 9 (2012): e45648.

42. Angela Hodge, "Root Decisions", *Plant, Cell & Environment* 32 (2009): 628–640.

43. Tereza Konvalinková and Jan Jansa, "Lights Off for Arbuscular Mycorrhiza: On Its Symbiotic Functioning under Light Deprivation", *Frontiers in Plant Science* 7 (2016): 782.

44. Abeer Hashem, Elsayed F. Abd_Allah, Abdulaziz A. Alqarawi, et al., "The Interaction between Arbuscular Mycorrhizal Fungi and Endophytic Bacteria Enhances Plant Growth of Acacia gerrardii under Salt Stress", *Frontiers in Microbiology* 7 (2016): 1089.

45. Pedro M. Antunes, Amarilis De Varennes, Istvan Rajcan, and Michael J. Goss, "Accumulation of Specific Flavonoids in Soybean (Glycine max (L.) Merr.) as a Function of the Early Tripartite Symbiosis with Arbuscular Mycorrhizal Fungi and Bradyrhizobium japonicum (Kirchner) Jordan", *Soil Biology and Biochemistry* 38, no. 6 (2006): 1234–1242; Sajid Mahmood Nadeem, Maqshoof Ahmad, Zahir Ahmad Zahir, et al., "The Role of Mycorrhizae and Plant Growth Promoting Rhizobacteria (PGPR) in Improving Crop Productivity under Stressful Environments", *Biotechnology Advances* 32, no. 2 (2014): 429–448.

46. 개인의 성공 모델에 관한 서술은 다음을 참조하라. Joseph A. Whittaker and Beronda L. Montgomery, "Cultivating Diversity and Competency in STEM: Challenges and Remedies for Removing Virtual Barriers to Constructing Diverse Higher Education Communities of Success", *Journal of Undergraduate Neuroscience Education* 11, no. 1 (2012): A44–A51; Beronda L. Montgomery, Jualynne E. Dodson, and Sonya M. Johnson, "Guiding the Way: Mentoring Graduate Students and Junior Faculty for Sustainable Academic Careers", *SAGE Open* 4, no. 4 (2014): doi: 10.1177 / 2158244014558043.

47. Patricia Matthew, ed., *Written/Unwritten: Diversity and the Hidden Truths of Tenure* (Chapel Hill: University of North Carolina Press, 2016).

3. 이기기 위해 위험 감수하기

인용문. Hope Jahren, *Lab Girl* (New York: Knopf, 2016), 52.

1. Janice Friedman and Matthew J. Rubin, "All in Good Time: Understanding Annual and Perennial Strategies in Plants", *American Journal of Botany* 102, no. 4 (2015): 497–499.

2. Corrine Duncan, Nick L. Schultz, Megan K. Good, et al., "The Risk-Takers and –Avoiders: Germination Sensitivity to Water Stress in an Arid Zone with Unpredictable Rainfall", *AoB Plants* 11, no. (2019): plz066.

3. Thomas Caraco, Steven Martindale, and Thomas S. Whittam, "An Empirical Demonstration of Risk-Sensitive Foraging Preferences", *Animal Behaviour* 28, no. 3 (1980): 820–830; Hiromu Ito, "Risk Sensitivity of a Forager with Limited Energy Reserves in Stochastic Environments", *Ecological Research* 34, no. 1 (2019): 9–17; Alex Kacelnik, and Melissa Bateson, "Risk-sensitivity: Crossroads for Theories of Decision-making", *Trends in Cognitive Sciences* 1, no. 8 (1997): 304–309.

4. Richard Karban, John L. Orrock, Evan L. Preisser, and Andrew Sih, "A Comparison of Plants and Animals in Their Responses to Risk of Consumption," *Current Opinion in Plant Biology* 32 (2016): 1–8.

5. Efrat Dener, Alex Kacelnik, and Hagai Shemesh, "Pea Plants Show Risk Sensitivity", *Current Biology* 26, no. 13 (2016): 1763–1767; Hagai Shemesh, Adi Arbiv, Mordechai Gersani, et al., "The Effects of Nutrient Dynamics on Root Patch Choice", *PLOS One* 5, no. 5 (2010): e10824.

6. Hagai Shemesh, Ran Rosen, Gil Eshel, et al., "The Effect of Steepness of Temporal Resource Gradients on Spatial Root Allocation", *Plant Signaling & Behavior* 6, no. 9 (2011): 1356–1360.

7. Shemesh et al., "The Effects of Nutrient Dynamics"; Hagai Shemesh and Ariel Novoplansky, "Branching the Risks: Architectural Plasticity and Bet-hedging in Mediterranean Annuals", *Plant Biology* 15, no. 6 (2013): 1001–1012.

8. Enrico Pezzola, Stefano Mancuso, and Richard Karban, "Precipitation Affects Plant Communication and Defense", *Ecology* 98, no. 6 (2017): 1693–1699.

9. Omer Falik, Yonat Mordoch, Lydia Quansah, et al., "Rumor Has It…: Relay Communication of Stress Cues in Plants", *PLOS One* 6, no. 11 (2011): e23625.

10. Chuanwei Yang and Lin Li, "Hormonal Regulation in Shade Avoidance", *Frontiers in Plant Science* 8 (2017): 1527.

11. Virginia Morell, "Plants Can Gamble", *Science Magazine News*, June 2016, http://www.sciencemag.org/news/2016/06/plants-can-gamble-according-study.

12. Dener, Kacelnik and Shemesh, "Pea Plants Show Risk Sensitivity."

13. Stefan Hörtensteiner and Bernhard Kräutler, "Chlorophyll Breakdown in Higher Plants", *Biochimica et Biophysica Acta (BBA)-Bioenergetics* 1807, no. 8 (2011): 977–988; Hazem M. Kalaji, Wojciech Bąba, Krzysztof Gediga, et al., "Chlorophyll Fluorescence as a Tool for Nutrient Status Identification in Rapeseed Plants", *Photosynthesis Research* 136, no. 3 (2018): 329–343; Angela Hodge, "Root Decisions", *Plant, Cell & Environment*

32, no. 6 (2009): 630.

14. Hodge, "Root Decisions," 629.

15. Bagmi Pattanaik, Andrea W. U. Busch, Pingsha Hu, Jin Chen, and Beronda L. Montgomery, "Responses to Iron Limitation Are Impacted by Light Quality and Regulated by RcaE in the Chromatically Acclimating Cyanobacterium Fremyella diplosiphon," *Microbiology* 160, no. 5 (2014): 992–1005; Sigal Shcolnick and Nir Keren, "Metal Homeostasis in Cyanobacteria and Chloroplasts. Balancing Benefits and Risks to the Photosynthetic Apparatus," *Plant Physiology* 141, no. 3 (2006): 805–810.

16. W. L. Lindsay and A. P. Schwab, "The Chemistry of Iron in Soils and Its Availability to Plants," *Journal of Plant Nutrition* 5, no. 4–7 (1982): 821–840.

17. Tristan Lurthy, Cécile Cantat, Christian Jeudy, et al., "Impact of Bacterial Siderophores on Iron Status and Ionome in Pea," *Frontiers in Plant Science* 11 (2020): 730.

18. H. Marschner and V. Römheld, "Strategies of Plants for Acquisition of Iron," *Plant and Soil* 165, no. 2 (1994): 261–274.

19. Lurthy et al. "Impact of Bacterial Siderophores."

20. Chong Wei Jin, Yi Quan Ye, and Shao Jian Zheng, "An Underground Tale: Contribution of Microbial Activity to Plant Iron Acquisition via Ecological Processes," *Annals of Botany* 113, no. 1 (2014): 7–18.

21. Shah Jahan Leghari, Niaz Ahmed Wahocho, Ghulam Mustafa Laghari, et al. "Role of Nitrogen for Plant Growth and Development: A Review," *Advances in Environmental Biology*

10, no. 9 (2016): 209–219.

22. Philippe Nacry, Eléonore Bouguyon, and Alain Gojon, "Nitrogen Acquisition by Roots: Physiological and Developmental Mechanisms Ensuring Plant Adaptation to a Fluctuating Resource", *Plant and Soil* 370, no. 1–2 (2013): 1–29.

23. Ricardo F. H. Giehl and Nicolaus von Wirén, "Root Nutrient Foraging", *Plant Physiology* 166, no. 2 (2014): 509–517.

24. 리조비아와 프란키아 같은 질소 고정 박테리아는 식물 뿌리(대개 콩 같은 콩과 식물의 뿌리) 내부의 뿌리혹에 자리 잡는 반면, 시아노박테리아 같은 기타 질소 고정 유기체는 뿌리 외부 표면이나 내부에 자리 잡는다. 이와 관련된 개관은 다음을 참조하라. Claudine Franche, Kristina Lindström, and Claudine Elmerich, "Nitrogen-Fixing Bacteria Associated with Leguminous and Non-Leguminous Plants", *Plant and Soil* 321, no. 1–2 (2009): 35–59; Florence Mus, Matthew B. Crook, Kevin Garcia, et al., "Symbiotic Nitrogen Fixation and the Challenges to Its Extension to Nonlegumes", *Applied and Environmental Microbiology* 82, no. 13 (2016): 3698–3710; Carole Santi, Didier Bogusz, and Claudine Franche, "Biological Nitrogen Fixation in Non-Legume Plants", *Annals of Botany* 111, no. 5 (2013): 743–767.

25. Philippe Hinsinger, "Bioavailability of Soil Inorganic P in the Rhizosphere as Affected by Root-Induced Chemical Changes: A Review", *Plant and Soil* 237 (2001): 173–195.

26. Daniel P. Schachtman, Robert J. Reid, and Sarah M. Ayling, "Phosphorus Uptake by Plants: From Soil to Cell", *Plant Physiology* 116, no. 2 (1998): 447–453.

27. Alan E. Richardson, Jonathan P. Lynch, Peter R. Ryan, et al., "Plant

and Microbial Strategies to Improve the Phosphorus Efficiency of Agriculture", *Plant and Soil* 349 (2011): 121–156; Schachtman et al., "Phosphorus Uptake by Plants."

28. Carroll P. Vance, Claudia Uhde-Stone, and Deborah L. Allan, "Phosphorus Acquisition and Use: Critical Adaptations by Plants for Securing a Nonrenewable Resource", *New Phytologist* 157, no. 3 (2003): 423–447.

29. K. G. Raghothama, "Phosphate Acquisition", *Annual Review of Plant Biology* 50, no. 1 (1999): 665–693; Schachtman et al., "Phosphorus Uptake by Plants"; Marcel Bucher, "Functional Biology of Plant Phosphate Uptake at Root and Mycorrhiza Interfaces", *New Phytologist* 173, no. 1 (2007): 11–26.

30. Martina Friede, Stephan Unger, Christine Hellmann, and Wolfram Beyschlag, "Conditions Promoting Mycorrhizal Parasitism Are of Minor Importance for Competitive Interactions in Two Differentially Mycotrophic Species", *Frontiers in Plant Science* 7 (2016): 1465.

31. Eiji Gotoh, Noriyuki Suetsugu, Takeshi Higa, et al. "Palisade Cell Shape Affects the Light-Induced Chloroplast Movements and Leaf Photosynthesis", *Scientific Reports* 8, no. 1 (2018): 1–9; L. A. Ivanova and V. I. P'yankov, "Structural Adaptation of the Leaf Mesophyll to Shading", *Russian Journal of Plant Physiology* 49, no. 3 (2002): 419–431.

32. 크산토필과 안토시아닌을 포함한 광보호 색소는 음엽보다 양엽에 더 풍부하다. 이런 단백질에 에너지를 투입하는 것은 비용이 많이 든다. 다음을 참조하라. J. A. Gamon and J. S. Surfus, "Assessing Leaf Pigment Content and Activity with a Reflectometer", *New*

Phytologist 143, no. 1 (1999): 105–117; Susan S. Thayer and Olle Björkman, "Leaf Xanthophyll Content and Composition in Sun and Shade Determined by HPLC", *Photosynthesis Research* 23, no. 3 (1990): 331–343.

33. Shemesh and Novoplansky, "Branching the Risks"; Hagai Shemesh, Benjamin Zaitchik, Tania Acuña, and Ariel Novoplansky, "Architectural Plasticity in a Mediterranean Winter Annual", *Plant Signaling &Behavior* 7, no. 4 (2012): 492–501.

34. Nir Sade, Alem Gebremedhin, and Menachem Moshelion, "Risk-taking Plants: Anisohydric Behavior as a Stress-resistance Trait", *Plant Signaling &Behavior* 7, no. 7 (2012): 767–770.

4. 적극적으로 참여해 환경 변화시키기

인용문. Amy Leach, *Things That Are* (Minneapolis, MN: Milkweed Editions, 2012), 40.

1. Eric Wagner, *After the Blast: The Ecological Recovery of Mount St. Helens* (Seattle: University of Washington Press, 2020).

2. Garrett A. Smathers and Dieter Mueller-Dombois, *Invasion and Recovery of Vegetation after a Volcanic Eruption in Hawaii* (Washington, DC: National Park Service, 1974); Gregory H. Aplet, R. Flint Hughes, and Peter M. Vitousek, "Ecosystem Development on Hawaiian Lava Flows: Biomass and Species Composition", *Journal of Vegetation Science* 9, no. 1 (1998): 17–26.

3. Leigh B. Lentile, Penelope Morgan, Andrew T. Hudak, et al., "Post-fire Burn Severity and Vegetation Response Following Eight

Large Wildfires across the Western United States", *Fire Ecology* 3, no. 1 (2007): 91–108.

4. Lentile et al., "Post-fire Burn Severity"; Diane H. Rachels, Douglas A. Stow, John F. O'Leary, et al., "Chaparral Recovery Following a Major Fire with Variable Burn Conditions", *International Journal of Remote Sensing* 37, no. 16 (2016): 38363857.

5. 사례는 다음을 참조하라. A. J. Kayll and C. H. Gimingham, "Vegetative Regeneration of Calluna vulgaris after Fire", *Journal of Ecology* 53, no. 3 (1965): 729–734; Nandita Mondal and Raman Sukumar, "Regeneration of Juvenile Woody Plants after Fire in a Seasonally Dry Tropical Forest of Southern India", *Biotropica* 47, no. 3 (2015): 330–338; Stephen J. Pyne, "How Plants Use Fire (and Are Used by It)", *Fire Wars, Nova online, PBS*, June 2002, https://www.pbs.org/wgbh/nova/fire/plants.html.

6. Timothy A. Mousseau, Shane M. Welch, Igor Chizhevsky, et al., "Tree Rings Reveal Extent of Exposure to Ionizing Radiation in Scots Pine Pinus sylvestris", *Trees* 27, no. 5 (2013): 1443–1453.

7. Nicholas A. Beresford, E. Marian Scott, and David Copplestone, "Field Effects Studies in the Chernobyl Exclusion Zone: Lessons to Be Learnt", *Journal of Environmental Radioactivity* 211 (2020): 105893.

8. Gordon C. Jacoby and Rosanne D. D'Arrigo, "Tree Rings, Carbon Dioxide, and Climatic Change", *Proceedings of the National Academy of Sciences* 94, no. 16 (1997): 8350–8353.

9. Christophe Plomion, Grégoire Leprovost, and Alexia Stokes, "Wood Formation in Trees", *Plant Physiology* 127, no. 4 (2001): 1513–1523; Keith Roberts and Maureen C. McCann, "Xylogenesis:

The Birth of a Corpse", *Current Opinion in Plant Biology* 3, no. 6 (2000): 517–522.

10. Veronica De Micco, Marco Carrer, Cyrille B. K. Rathgeber, et al., "From Xylogenesis to Tree Rings: Wood Traits to Investigate Tree Response to Environmental Changes", *IAWA Journal* 40, no. 2 (2019): 155–182; Jacoby and D'Arrigo, "Tree Rings."

11. Mousseau et al., "Tree Rings Reveal Extent of Exposure", 1443.

12. Timothy A. Mousseau, Gennadi Milinevsky, Jane Kenney-Hunt, and Anders Pape Møller, "Highly Reduced Mass Loss Rates and Increased Litter Layer in Radioactively Contaminated Areas", *Oecologia* 175, no. 1 (2014): 429–437.

13. Igor Kovalchuk, Vladimir Abramov, Igor Pogribny, and Olga Kovalchuk, "Molecular Aspects of Plant Adaptation to Life in the Chernobyl Zone", *Plant Physiology* 135, no. 1 (2004): 357–363.

14. Cynthia C. Chang and Benjamin L. Turner, "Ecological Succession in a Changing World", *Journal of Ecology* 107, no. 2 (2019): 503–509; Karel Prach and Lawrence R. Walker, "Differences between Primary and Secondary Plant Succession among Biomes of the World", *Journal of Ecology* 107, no. 2 (2019): 510–516. 2차 천이 과정 중 교란이 덜 극심한 정도라는 것은 개체에 미친 영향보다는 1차 천이에 비해 환경에 미친 영향이 적음을 의미한다. 대단히 파괴적인 산불은 동물과 인간 모두에게 삶의 터전을 잃고 떠나야 하는 결과를 초래할 수 있으며, 이는 산불과 관련한 모든 생물에 분명 심각한 교란으로 체감된다.

15. Chang and Turner, "Ecological Succession in a Changing World."

16. Karel Prach and Lawrence R. Walker, "Four Opportunities for Studies of Ecological Succession", *Trends in Ecology & Evolution*

    26, no. 3 (2011): 119-123.

17. Prach and Walker, "Four Opportunities for Studies of Ecological Succession", 120.

18. Malcolm J. Zwolinski, "Fire Effects on Vegetation and Succession", in *Proceedings of the Symposium on Effects of Fire Management on Southwestern Natural Resources* (Fort Collins, CO: USDA-Forest Service, 1990), 18-24. 여기에서 군집화colonization는 식물이 생태학적 지위를 구축하는 생물학적 과정을 가리킨다. 이런 맥락에서 식물로부터 가르침을 끌어낼 때 흔히 땅과 문화를 전유하는 인간 사회의 식민지화와는 전혀 무관하다.

19. I. R. Noble and R. O. Slatyer, "The Use of Vital Attributes to Predict Successional Changes in Plant Communities Subject to Recurrent Disturbances", *Vegetatio* 43, no. 1/2 (1980): 5-21; Zwolinski, "Fire Effects on Vegetation and Succession", 22.

20. Joseph H. Connell and Ralph O. Slatyer, "Mechanisms of Succession in Natural Communities and Their Role in Community Stability and Organization," *American Naturalist* 111, no. 982 (1977): 1119-1144.

21. Connell and Slatyer, "Mechanisms of Succession"; Tiffany M. Knight and Jonathan M. Chase, "Ecological Succession: Out of the Ash", *Current Biology* 15, no. 22 (2005): R926-R927.

22. Knight and Chase, "Ecological Succession", R926.

23. Mark E. Ritchie, David Tilman, and Johannes M. H. Knops, "Herbivore Effects on Plant and Nitrogen Dynamics in Oak Savanna", *Ecology* 79, no. 1 (1998): 165-177.

24. Peter M. Vitousek, Pamela A. Matson, and Keith Van Cleve, "Nitrogen Availability and Nitrification during Succession:

Primary, Secondary, and Old-Field Seres", *Plant Soil* 115 (1989): 233; Jonathan J. Halvorson, Eldon H. Franz, Jeffrey L. Smith, and R. Alan Black, "Nitrogenase Activity, Nitrogen Fixation, and Nitrogen Inputs by Lupines at Mount St. Helens", *Ecology* 73, no. 1 (1992): 87–98; Henrik Hartmann and Susan Trumbore, "Understanding the Roles of Nonstructural Carbohydrates in Forest Trees— From What We Can Measure to What We Want to Know", *New Phytologist* 211, no. 2 (2016): 386–403; Robin Wall Kimmerer, *Braiding Sweetgrass: Indigenous Wisdom, Scientific Knowledge and the Teachings of Plants* (Minneapolis, MN: Milkweed Editions, 2015), 133; Knight and Chase, "Ecological Succession", R926; Janet I. Sprent, "Global Distributions of Legumes", in *Legume Nodulation: A Global Perspective* (Oxford: Wiley-Blackwell, 2009), 35–50; Jungwook Yang, Joseph W. Kloepper, and Choong-Min Ryu, "Rhizosphere Bacteria Help Plants Tolerate Abiotic Stress", *Trends in Plant Science* 14, no. 1 (2009): 1–4.

25. Connell and Slatyer, "Mechanisms of Succession", 1123–1124.

26. Zwolinski, "Fire Effects on Vegetation and Succession", 21.

27. Vitousek et al. "Nitrogen Availability", 233; Eugene F. Kelly, Oliver A. Chadwick, and Thomas E. Hilinski, "The Effect of Plants on Mineral Weathering," *Biogeochemistry* 42 (1998): 21–53; Angela Hodge, "Root Decisions", *Plant, Cell & Environment* 32 (2009): 628–640.

28. Julie Sloan Denslow, "Patterns of Plant Species Diversity during Succession under Different Disturbance Regimes", *Oecologia* 46, no. 1 (1980): 18–21.

29. Knight and Chase, "Ecological Succession", R926; Vitousek et al,

"Nitrogen Availability", 233.

30. Vitousek et al., "Nitrogen Availability", 230.

31. Connell and Slatyer, "Mechanisms of Succession"; Denslow, "Patterns of Plant Species Diversity."

32. Denslow, "Patterns of Plant Species Diversity", 18.

33. Vitousek et al., "Nitrogen Availability", 230; Zwolinski, "Fire Effects on Vegetation and Succession", 21–22.

34. 알파 다양성과 베타 다양성이라는 용어가 세 번째 용어인 감마 다양성과 함께 처음 도입된 출처는 다음과 같다. R. H. Whittaker in 1960, in "Vegetation of the Siskiyou Mountains, Oregon and California", *Ecological Monographs* 30 (1960): 279–338. 그리고 다음을 보라. Christopher M. Swan, Anna Johnson, and David J. Nowak, "Differential Organization of Taxonomic and Functional Diversity in an Urban Woody Plant Metacommunity", *Applied Vegetation Science* 20 (2017): 7–17.

35. Swan et al., "Differential Organization", 8.

36. Denslow, "Patterns of Plant Species Diversity", 18.

37. Swan et al., "Differential Organization", 10.

38. Sheikh Rabbi, Matthew K. Tighe, Richard J. Flavel, et al., "Plant Roots Redesign the Rhizosphere to Alter the Three-Dimensional Physical Architecture and Water Dynamics", *New Phytologist* 219, no. 2 (2018): 542–550.

39. Jan K. Schjoerring, Ismail Cakmak, and Philip J. White, "Plant Nutrition and Soil Fertility: Synergies for Acquiring Global Green Growth and Sustainable Development", *Plant and Soil* 434 (2019): 1–6; Adnan Noor Shah, Mohsin Tanveer, Babar Shahzad, et al., "Soil Compaction Effects on Soil Health and Crop Productivity:

An Overview", *Environmental Science and Pollution Research* 24 (2017): 10056-10067.

40. Rabbi et al. "Plant Roots Redesign", 542; Debbie S. Feeney, John W. Crawford, Tim Daniell, et al., "Three-dimensional Microorganization of the Soil-Root-Microbe System", *Microbial Ecology* 52, no. 1 (2006): 151-158.

41. Kerry L. Metlen, Erik T. Aschehoug, and Ragan M. Callaway, "Plant Behavioural Ecology: Dynamic Plasticity in Secondary Metabolites", *Plant, Cell & Environment* 32, no. 6 (2009): 641-653.

42. Rabbi et al. "Plant Roots Redesign", 542; Feeney et al., "Three-dimensional Microorganization."

43. Dayakar V. Badri and Jorge M. Vivanco, "Regulation and Function of Root Exudates", *Plant, Cell & Environment* 32, no. 6 (2009): 666-681; Metlen, Aschehoug, and Callaway, "Plant Behavioural Ecology."

44. Rabbi et al., "Plant Roots Redesign", 543.

45. D. B. Read, A. G. Bengough, P. J. Gregory, et al., "Plant Roots Release Phospholipid Surfactants That Modify the Physical and Chemical Properties of Soil", *New Phytologist* 157, no. 2 (2003): 315-326.

46. Read et al., "Plant Roots Release Phospholipid Surfactants", 316.

47. 에르고스테롤은 균류의 세포막에서 발견되는 균류 특유의 스테롤로서 세포막 투과성을 유지하는 기능을 한다. 흔히 식물 뿌리 또는 토양 시료와 관련된 균근균의 생물량을 추산해 수량화하는 생물지표다. Yongqiang Zhang, and Rajini Rao, "Beyond Ergosterol: Linking pH to Antifungal Mechanisms", *Virulence* 1, no. 6 (2010): 551-554.

48. 당단백질 글로말린은 탄소와 질소가 풍부한 유기화합물로, 균사체의 모양이 나뭇가지 형태로 생긴 수지상체 균근균에 의해 생산된다. 이것이 근권으로 방출되어 물의 집적과 흡수 등 토질을 변화시킨다. Karl Ritz and Iain M. Young, "Interactions between Soil Structure and Fungi", *Mycologist* 18, no. 2 (2004): 52–59; Matthias C. Rillig and Peter D. Steinberg, "Glomalin Production by an Arbuscular Mycorrhizal Fungus: A Mechanism of Habitat Modification?", *Soil Biology and Biochemistry* 34, no. 9 (2002): 1371–1374.

49. Chang and Turner, "Ecological Succession in a Changing World", 506.

50. Lindsay Chaney and Regina S. Baucom, "The Soil Microbial Community Alters Patterns of Selection on Flowering Time and Fitness-related Traits in Ipomoea purpurea", *American Journal of Botany* 107, no. 2 (2020): 186–194; Chang and Turner, "Ecological Succession in a Changing World", 503.

51. James D. Bever, Thomas G. Platt, and Elise R. Morton, "Microbial Population and Community Dynamics on Plant Roots and Their Feedbacks on Plant Communities", *Annual Review of Microbiology* 66 (2012): 265–283; Tanya E. Cheeke, Chaoyuan Zheng, Liz Koziol, et al., "Sensitivity to AMF Species Is Greater in Late-Successional Than Early-Successional Native or Nonnative Grassland Plants", *Ecology* 100, no. 12 (2019): e02855; Liz Koziol and James D. Bever, "AMF, Phylogeny, and Succession: Specificity of Response to Mycorrhizal Fungi Increases for Late-Successional Plants", *Ecosphere* 7, no. 11 (2016): e01555; Liz Koziol and James D. Bever, "Mycorrhizal Feedbacks Generate Positive Frequency Dependence Accelerating Grassland Succession", *Journal of*

Ecology 107, no. 2 (2019): 622–632.

52. Guillaume Tena, "Seeing the Unseen", *Nature Plants* 5 (2019): 647.

53. David P. Janos, "Mycorrhizae Influence Tropical Succession", *Biotropica* 12, no. 2 (1980): 56.

54. Janos, "Mycorrhizae Influence Tropical Succession", 58; Tereza Konvalinková and Jan Jansa, "Lights Off for Arbuscular Mycorrhiza: On Its Symbiotic Functioning under Light Deprivation", *Frontiers in Plant Science* 7 (2016): 782; Maki Nagata, Naoya Yamamoto, Tamaki Shigeyama, et al. "Red/Far Red Light Controls Arbuscular Mycorrhizal Colonization via Jasmonic Acid and Strigolactone Signaling", *Plant and Cell Physiology* 56, no. 11 (2015): 2100–2109; Maki Nagata, Naoya Yamamoto, Taro Miyamoto, et al., "Enhanced Hyphal Growth of Arbuscular Mycorrhizae by Root Exudates Derived from High R/FR Treated Lotus japonicas," *Plant Signaling & Behavior* 11, no. 6 (2016): e1187356.

55. Janos, "Mycorrhizae Influence Tropical Succession", 60.

56. Janos, "Mycorrhizae Influence Tropical Succession", 60.

57. Marzena Ciszak, Diego Comparini, Barbara Mazzolai, et al., "Swarming Behavior in Plant Roots", *PLOS One* 7, no. 1 (2012): e29759; Adrienne Maree Brown, *Emergent Strategy: Shaping Change, Changing Worlds* (Chico, CA: AK Press, 2017), 6.

58. Ciszak et al., "Swarming Behavior."

59. Dale Kaiser, "Bacterial Swarming: A Re-examination of Cell-Movement Patterns", *Current Biology* 17, no. 14 (2007): R561–R570.

60. Brown, *Emergent Strategy*, 12.

61. Ciszak et al, "Swarming Behavior."

62. Peter W. Barlow and Joachim Fisahn, "Swarms, Swarming and Entanglements of Fungal Hyphae and of Plant Roots", *Communicative & Integrative Biology* 6, no. 5 (2013): e25299-1.

63. Ciszak et al, "Swarming Behavior."

64. Barlow and Fisahn, "Swarms, Swarming, and Entanglements."

65. André Geremia Parise, Monica Gagliano, and Gustavo Maia Souza, "Extended Cognition in Plants: Is It Possible?", *Plant Signaling & Behavior* 15, no. 2 (2020): 1710661.

66. On prescribed fire, see Zwolinski, "Fire Effects on Vegetation and Succession", 18-24.

5. 다양성의 호혜적 이익을 인식하고 수용하기

인용문. Andrea Wulf, *The Invention of Nature: Alexander von Humboldt's New World* (New York: Knopf, 2015), 125.

1. Cynthia C. Chang and Melinda D. Smith, "Resource Availability Modulates Above-and Below-Ground Competitive Interactions between Genotypes of a Dominant C4 Grass", *Functional Ecology* 28, no. 4 (2014): 1041-1051, 1042; David Tilman, *Resource Competition and Community Structure* (Princeton, NJ: Princeton University Press, 1982).

2. Philip O. Adetiloye, "Effect of Plant Populations on the Productivity of Plantain and Cassava Intercropping", *Moor Journal of Agricultural Research* 5, no. 1 (2004): 26-32; Long Li,

David Tilman, Hans Lambers, and Fu-Suo Zhang, "Plant Diversity and Overyielding: Insights from Belowground Facilitation of Intercropping in Agriculture", *New Phytologist* 203, no. 1 (2014): 63–69; Zhi-Gang Wang, Xin Jin, Xing-Guo Bao, et al., "Intercropping Enhances Productivity and Maintains the Most Soil Fertility Properties Relative to Sole Cropping", *PLOS One* 9 (2014): e113984.

3. Li et al., "Plant Diversity and Overyielding."

4. Venida S. Chenault, "Three Sisters:Lessons of Traditional Story Honored in Assessment and Accreditation", *Tribal College* 19, no. 4 (2008): 15–16; Robin Wall Kimmerer, *Braiding Sweetgrass: Indigenous Wisdom, Scientific Knowledge and the Teachings of Plants* (Minneapolis, MN: Milkweed Editions, 2015), 132.

5. Kimmerer, *Braiding Sweetgrass*, 128–140; K. Kris Hirst, "The Three Sisters: The Traditional Intercropping Agricultural Method", *ThoughtCo*, May 30, 2019, https://www.thoughtco.com/three-sisters-american-farming-173034.

6. Kimmerer, *Braiding Sweetgrass*, 131.

7. Kimmerer, *Braiding Sweetgrass*, 130.

8. Adetiloye, "Effect of Plant Populations on the Productivity of Plantain and Cassava Intercropping"; P. O. Aiyelari, A. N. Odede, and S. O. Agele, "Growth, Yield and Varietal Responses of Cassava to Time of Planting into Plantain Stands in a Plantain / Cassava Intercrop in Akure, South-West Nigeria", *Journal of Agronomy Research* 2, no. 2 (2019): 1–16.

9. Kimmerer, *Braiding Sweetgrass*, 131; Abdul Rashid War, Michael Gabriel Paulraj, Tariq Ahmad, et al., "Mechanisms of Plant Defense

against Insect Herbivores", *Plant Signaling & Behavior* 7, no. 10 (2012): 1306–1320.

10. Kimmerer, *Braiding Sweetgrass*, 140.

11. Kimmerer, *Braiding Sweetgrass*, 132.

12. Lindsay Chaney and Regina S. Baucom, "The Soil Microbial Community Alters Patterns of Selection on Flowering Time and Fitness-related Traits in Ipomoea purpurea", *American Journal of Botany* 107, no. 2 (2020): 186–194; Jennifer A. Lau and Jay T. Lennon, "Evolutionary Ecology of Plant–Microbe Interactions: Soil Microbial Structure Alters Selection on Plant Traits", *New Phytologist* 192, no. 1 (2011): 215–224; Marcel G. A. Van Der Heijden, Richard D. Bardgett, and Nico M. Van Straalen, "The Unseen Majority: Soil Microbes as Drivers of Plant Diversity and Productivity in Terrestrial Ecosystems", *Ecology Letters* 11, no. 3 (2008): 296–310.

13. Kimmerer, *Braiding Sweetgrass*, 133; Catherine Bellini, Daniel I. Pacurar, and Irene Perrone, "Adventitious Roots and Lateral Roots: Similarities and Differences", *Annual Review of Plant Biology* 65 (2014): 639–666.

14. Angela Hodge, "The Plastic Plant: Root Responses to Heterogeneous Supplies of Nutrients", *New Phytologist* 162, no. 1 (2004): 9–24.

15. Kimmerer, *Braiding Sweetgrass*, 140.

16. Henrik Hartmann and Susan Trumbore, "Understanding the Roles of Nonstructural Carbohydrates in Forest Trees—From What We Can Measure to What We Want to Know", *New Phytologist* 211, no. 2 (2016): 386–403.

17. Kimmerer, *Braiding Sweetgrass*, 133; Janet I. Sprent, "Global Distribution of Legumes", in *Legume Nodulation: A Global Perspective* (Oxford: Wiley-Blackwell, 2009), 35–50; Jungwook Yang, Joseph W. Kloepper, and Choong-Min Ryu, "Rhizosphere Bacteria Help Plants Tolerate Abiotic Stress", *Trends in Plant Science* 14, no. 1 (2009): 1–4.

18. Tamir Klein, Rolf T. W. Siegwolf, and Christian Körner, "Belowground Carbon Trade among Tall Trees in a Temperate Forest", *Science* 352, no. 6283 (2016): 342–344.

19. Cyril Zipfel and Silke Robatzek, "Pathogen-Associated Molecular Pattern-Triggered Immunity: Veni, Vidi…?", *Plant Physiology* 154, no. 2 (2010): 551–554.

20. Kevin R. Bairos-Novak, Maud C. O. Ferrari, and Douglas P. Chivers, "A Novel Alarm Signal in Aquatic Prey: Familiar Minnows Coordinate Group Defences against Predators through Chemical Disturbance Cues", *Journal of Animal Ecology* 88, no. 9 (2019): 1281–1290.

21. Michiel van Breugel, Dylan Craven, Hao Ran Lai, et al., "Soil Nutrients and Dispersal Limitation Shape Compositional Variation in Secondary Tropical Forests across Multiple Scales", *Journal of Ecology* 107, no. 2 (2019): 566–581.

22. Robin Wall Kimmerer, "Weaving Traditional Ecological Knowledge into Biological Education: A Call to Action", *BioScience* 52, no. 5 (2002): 432–438.

23. Chenault, "Three Sisters."

24. Kimmerer, *Braiding Sweetgrass*, 134를 보라.

25. Kimmerer, *Braiding Sweetgrass*; Jayalaxshmi Mistry and Andrea

Berardi, "Bridging Indigenous and Scientific Knowledge", *Science* 352, no. 6291 (2016): 1274-1275.

26. Robin Wall Kimmerer, "The Intelligence in All Kinds of Life", *On Being with Krista Tippett*, original broadcast February 25, 2016, https://onbeing.org/programs/robin-wall-kimmerer-the-intelligence-in-all-kinds-of-life-jul2018/.

27. Joseph A.Whittaker and Beronda L. Montgomery, "Cultivating Institutional Transformation and Sustainable STEM Diversity in Higher Education through Integrative Faculty Development", *Innovative Higher Education* 39, no. 4 (2014): 263-275.

28. Whittaker and Montgomery, "Cultivating Institutional Transformation."

29. Kimmerer, *Braiding Sweetgrass*, 132.

30. Kimmerer, *Braiding Sweetgrass,* 58.

31. 협력 속에서 성공적인 성과를 촉진하는 데 문화적 역량의 역할에 관한 사례는 다음을 참조하라. Stephanie M. Reich and Jennifer A. Reich, "Cultural Competence in Interdisciplinary Collaborations: A Method for Respecting Diversity in Research Partnerships", *American Journal of Community Psychology* 38, no. 1-2 (2006): 51-62.

32. Joseph A. Whittaker and Beronda L. Montgomery, "Cultivating Diversity and Competency in STEM: Challenges and Remedies for Removing Virtual Barriers to Constructing Diverse Higher Education Communities of Success", *Journal of Undergraduate Neuroscience Education* 11, no. 1 (2012): A44-A51; Kim Parker, Rich Morin, and Juliana Menasce Horowitz, "Looking to the Future, Public Sees an America in Decline on Many Fronts", *Pew*

Research Center, March 2019, ch. 3, "Views of Demographic Changes", https://www.pewsocialtrends.org/wp-content/uploads/sites/3/2019/03/US-2050fullreport-FINAL.pdf.

6. 성공을 위해 서로 돌보기

인용문. Dawna Markova, *I Will Not Die an Unlived Life: Reclaiming Purpose and Passion* (Berkeley, CA: Conari Press, 2000), 1.

1. Cynthia C. Chang and Melinda D. Smith, "Resource Availability Modulates Above-and Below-ground Competitive Interactions between Genotypes of a Dominant C4 Grass", *Functional Ecology* 28, no. 4 (2014): 1041–1051.

2. Jannice Friedman and Matthew J. Rubin, "All in Good Time: Understanding Annual and Perennial Strategies in Plants", *American Journal of Botany* 102, no. 4 (2015): 497–499.

3. Diederik H. Keuskamp, Rashmi Sasidharan, and Ronald Pierik, "Physiological Regulation and Functional Significance of Shade Avoidance Responses to Neighbors", *Plant Signaling & Behavior* 5, no. 6 (2010): 655–662.

4. Katherine M. Warpeha and Beronda L. Montgomery, "Light and Hormone Interactions in the Seed-to-Seedling Transition", *Environmental and Experimental Botany* 121 (2016): 56–65.

5. Lourens Poorter, "Are Species Adapted to Their Regeneration Niche, Adult Niche, or Both?", *American Naturalist* 169, no. 4 (2007): 433–442.

6. Anders Forsman, "Rethinking Phenotypic Plasticity and Its

Consequences for Individuals, Populations and Species", *Heredity* 115 (2015): 276–284; Robert Muscarella, María Uriarte, Jimena Forero-Montaña, et al., "Life-history Trade-offs during the Seed-to-Seedling Transition in a Subtropical Wet Forest Community", *Journal of Ecology* 101, no. 1 (2013): 171–182; Warpeha and Montgomery, "Light and Hormone Interactions."

7. Carl Procko, Charisse Michelle Crenshaw, Karin Ljung, et al., "Cotyledon-generated Auxin Is Required for Shade-induced Hypocotyl Growth in Brassica rapa", *Plant Physiology* 165, no. 3 (2014): 1285–1301; Chuanwei Yang and Lin Li, "Hormonal Regulation in Shade Avoidance", *Frontiers in Plant Science* 8 (2017): 1527.

8. Taylor S. Feild, David W. Lee, and N. Michele Holbrook, "Why Leaves Turn Red in Autumn. The Role of Anthocyanins in Senescing Leaves of Red-Osier Dogwood", *Plant Physiology* 127, no. 2 (2001): 566–574; Bertold Mariën, Manuela Balzarolo, Inge Dox, et al., "Detecting the Onset of Autumn Leaf Senescence in Deciduous Forest Trees of the Temperate Zone", *New Phytologist* 224, no. 1 (2019): 166–176; Edward J. Primka and William K. Smith, "Synchrony in Fall Leaf Drop: Chlorophyll Degradation, Color Change, and Abscission Layer Formation in Three Temperate Deciduous Tree Species", *American Journal of Botany* 106, no. 3 (2019): 377–388.

9. 밝은 색소 중 일부는 가을 전에 이미 축적되었다. 하지만 새 화합물을 생성하는 데 소비되는 에너지를 제한하는 것이 현명하게 보일 때도 안토시아닌을 추가로 합성하는 데 에너지가 투입되는 것으로 보인다. 이는 최색 과정에서 식물세포를 광독성에서 보호하는 역할을 하기 때

문이다: Feild et al., "Why Leaves Turn Red in Autumn"; Primka and Smith, "Synchrony in Fall Leaf Drop."

10. Monika A. Gorzelak, Amanda K. Asay, Brian J. Pickles, and Suzanne W. Simard, "Interplant Communication through Mycorrhizal Networks Mediates Complex Adaptive Behaviour in Plant Communities", *AoB Plants* 7 (2015): plv050.

11. Gorzelak et al., "Interplant Communication through Mycorrhizal"; David Robinson and Alastair Fitter, "The Magnitude and Control of Carbon Transfer between Plants Linked by a Common Mycorrhizal Network", *Journal of Experimental Botany* 50, no. 330 (1999): 9–13.

12. David P. Janos, "Mycorrhizae Influence Tropical Succession", *Biotropica* 12, no. 2 (1980): 56–64; Leanne Philip, Suzanne Simard and Melanie Jones, "Pathways for Below-ground Carbon Transfer between Paper Birch and Douglas-fir Seedlings", *Plant Ecology & Diversity* 3, no. 3 (2010): 221–233.

13. Tamir Klein, Rolf T. W. Siegwolf and Christian Körner, "Belowground Carbon Trade among Tall Trees in a Temperate Forest", *Science* 352, no. 6283 (2016): 342–344.

14. Peng-Jun Zhang, Jia-Ning Wei, Chan Zhao, et al., "Airborne Host– Plant Manipulation by Whiteflies via an Inducible Blend of Plant Volatiles", *Proceedings of the National Academy of Sciences* 116, no. 15 (2019): 7387–7396.

15. Sarah Courbier and Ronald Pierik, "Canopy Light Quality Modulates Stress Responses in Plants", *iScience* 22 (2019): 441– 452.

16. Scott Hayes, Chrysoula K. Pantazopoulou, Kasper van Gelderen,

et al., "Soil Salinity Limits Plant Shade Avoidance", *Current Biology* 29, no. 10 (2019): 1669-1676; Wouter Kegge, Berhane T. Weldegergis, Roxina Soler, et al., "Canopy Light Cues Affect Emission of Constitutive and Methyl Jasmonate-induced Volatile Organic Compounds in Arabidopsis thaliana", *New Phytologist* 200, no. 3 (2013): 861-874.

17. Beronda L. Montgomery, "Planting Equity: Using What We Know to Cultivate Growth as a Plant Biology Community", *Plant Cell* 32, no. 11 (2020): 3372-3375.

18. 나는 "사회 구조의 결과로 사회의 다른 구성원이나 집단과 비교해 힘이나 대표성이 약한 사람들이나 집단"에 대해 '소수'라는 용어를 사용한다. '소수 집단'이란 용어는 억압이나 배제, 기타 불평등의 역사와 관련된 조직적 구조를 반영하기보다 단순히 수적으로 적음을 나타낼 수 있다. I. E. Smith, "Minority vs. Minoritized: Why the Noun Just Doesn't Cut It", *Odyssey*, September 2, 2016, https://www.theodysseyonline.com/minority-vs-minoritize.

19. Emma D. Cohen and Will R. McConnell, "Fear of Fraudulence: Graduate School Program Environments and the Impostor Phenomenon", *Sociological Quarterly* 60, no. 3 (2019): 457-478; Mind Tools Content Team, "Impostor Syndrome: Facing Fears of Inadequacy and Self-Doubt", Mindtools, https://www.mindtools.com/pages/article/overcoming-impostor-syndrome.htm; Sindhumathi Revuluri, "How to Overcome Impostor Syndrome", *Chronicle of Higher Education*, October 4, 2018, https://www.chronicle.com/article/How-to-Overcome-Impostor/244700.

20. Beronda L. Montgomery, "Mentoring as Environmental

Stewardship", *CSWEP News* 2019, no. 1 (2019): 10-12.

21. Montgomery, "Mentoring as Environmental Stewardship."

22. Angela M. Byars-Winston, Janet Branchaw, Christine Pfund, et al., "Culturally Diverse Undergraduate Researchers' Academic Outcomes and Perceptions of Their Research Mentoring Relationships", *International Journal of Science Education* 37, no. 15 (2015): 2533-2553; Christine Pfund, Christine Maidl Pribbenow, Janet Branchaw, et al., "The Merits of Training Mentors", *Science* 311, no. 5760 (2006): 473-474; Christine Pfund, Stephanie C. House, Pamela Asquith, et al., "Training Mentors of Clinical and Translational Research Scholars: A Randomized Controlled Trial", *Academic Medicine* 89, no. 5 (2014): 774-782; Christine Pfund, Kimberly C. Spencer, Pamela Asquith, et al., "Building National Capacity for Research Mentor Training: An Evidence-Based Approach to Training the Trainers", *CBE-Life Sciences Education* 14, no. 2 (2015): ar24.

23. Center for the Improvement of Mentored Experiences in Research, https://cimerproject.org/#/; NationalResearch Mentoring Network, https://nrmnet.net/; Becky Wai-Ling Packard, mentoring resources, n.d., https://commons.mtholyoke.edu/beckypackard/resources/.

24. 최근의 연구와 논의는 멘토링과 리더십에서 문화적으로 적절한 관행의 필요성을 강조했다. 이 관행은 개인들이 고유의 문화적 규범과 관행이 있는 서로 다른 배경 출신임을 인정한다. 멘토와 리더는 다양한 문화권의 개인을 효과적으로 지원하기 위한 문화적 역량을 키워야 한다: Torie Weiston-Serdan, *Critical Mentoring: A Practical Guide* (Sterling, VA: Stylus, 2017), 44;

Angela Byars-Winston, "Toward a Framework for Multicultural STEM-Focused Career Interventions", *Career Development Quarterly* 62, no. 4 (2014): 340–357; Beronda L. Montgomery and Stephani C. Page, "Mentoring beyond Hierarchies: Multi-Mentor Systems and Models", Commissioned Paper for National Academies of Sciences, Engineering, and Medicine Committee on Effective Mentoring in STEMM (2018), https://www.nap.edu/resource/25568/Montgomery%20and%20Page%20-%20Mentoring.pdf.

25. Weiston-Serdan, *Critical Mentoring*, 44; 또 다음을 참조하라. Joseph A. Whittaker and Beronda L. Montgomery, "Cultivating Diversity and Competency in STEM: Challenges and Remedies for Removing Virtual Barriers to Constructing Diverse Higher Education Communities of Success", *Journal of Undergraduate Neuroscience Education* 11, no. 1 (2012): A44–A51.

26. Betty Neal Crutcher, "Cross-Cultural Mentoring: A Pathway to Making Excellence Inclusive", *Liberal Education* 100, no. 2 (2014): 26.

27. Weiston-Serdan, *Critical Mentoring*, 14.

28. George C. Banks, Ernest H. O'Boyle Jr., Jeffrey M. Pollack, et al., "Questions about Questionable Research Practices in the Field of Management: A Guest Commentary", *Journal of Management* 42, no. 1 (2016): 5–20; Ferrie C. Fang and Arturo Casadevall, "Competitive Science: Is Competition Ruining Science?", *Infection and Immunity* 83, no. 4 (2015): 1229–1233; Shina Caroline Lynn Kamerlin, "Hypercompetition in Biomedical Research Evaluation andIts Impact on Young Scientist Careers", *International*

Microbiology 18, no. 4 (2015): 253–261; Beronda L. Montgomery, Jualynne E. Dodson and Sonya M.Johnson, "Guiding the Way: Mentoring Graduate Students and Junior Faculty for Sustainable Academic Careers", *SAGE Open* 4, no. 4 (2014): doi: 10.1177/2158244014558043.

결론: 우리는 주의를 기울이기만 하면 된다

인용문. Monica Gagliano, *Thus Spoke the Plant: A Remarkable Journey of Groundbreaking Scientific Discoveries and Personal Encounters with Plants* (Berkeley, CA: North Atlantic Books, 2018), 93.

1. Sonia E. Sultan, "Developmental Plasticity: Re-conceiving the Genotype", *Interface Focus* 7, no. 5(2017): 20170009, 3.

2. Monica Gagliano, Michael Renton, Martial Depczynski, and Stefano Mancuso, "Experience Teaches Plants to Learn Faster and Forget Slower in Environments Where It Matters", *Oecologia* 175, no. 1 (2014): 63–72; Evelyn L. Jensen, Lawrence M. Dill, and James F. Cahill Jr., "Applying Behavioral-Ecological Theory to Plant Defense: Light-dependent Movement in Mimosa pudica Suggests a Trade-off between Predation Risk and Energetic Reward", *American Naturalist* 177, no. 3 (2011): 377–381; Franz W. Simon, Christina N. Hodson, and Bernard D. Roitberg, "State Dependence, Personality, and Plants: Light-foraging Decisions in Mimosa pudica (L.)", *Ecology and Evolution* 6, no. 17 (2016): 6301–6309.

3. Beronda L. Montgomery, "How I Work and Thrive in Academia—From Affirmation, Not for Affirmation", *Being Lazy and Slowing Down Blog*, September 30, 2019, https://lazyslowdown.com/how-i-work-and-thrive-in-academia-from-affirmation-not-for-affirmation/.

4. Beronda L. Montgomery, "Academic Leadership: Gatekeeping or Groundskeeping?" *Journal of Values-Based Leadership* 13, no. 2 (2020); Beronda L. Montgomery, "Mentoring as Environmental Stewardship", *CSWEP News* 2019, no. 1 (2019): 10–12.

5. Montgomery, "Academic Leadership"; Beronda L.Montgomery, "Effective Mentors Show up Healed", Beronda L. Montgomery website, December 5, 2019, http://www.berondamontgomery.com/mentoring/effective-mentors-show-up-healed/.

6. Andrew J. Dubrin, *Leadership: Researching Findings, Practice, and Skills*, 4th ed. (Boston: Houghton Mifflin, 2004).

7. Beronda L. Montgomery "Pathways to Transformation: Institutional Innovation for Promoting Progressive Mentoring and Advancement in Higher Education", Susan Bulkeley Butler Center for Leadership Excellence, Purdue University, Working Paper Series 1, no. 1, Navigating Careers in the Academy, 2018, 10–18, https://www .purdue.edu/butler/working-paper-series/docs/Inaugural%20Issue%20May2018 .pdf.

8. Miller McPherson, Lynn Smith-Lovin, and, James M. Cook, "Birds of a Feather: Homophily in Social Networks", *Annual Review of Sociology* 27, no. 1 (2001): 415 444.

9. Montgomery, "Academic Leadership."

10. Szu-Fang Chuang, "Essential Skills for Leadership Effectiveness in

Diverse Workplace Development", *Online Journal for Workforce Education and Development* 6, no. 1 (2013): 5; Katherine Holt and Kyoko Seki, "Global Leadership: A Developmental Shift for Everyone", Industrial and Organizational Psychology 5, no. 2 (2012): 196–215; Nhu TB Nguyen and Katsuhiro Umemoto, "Understanding Leadership for Cross-Cultural Knowledge Management", *Journal of Leadership Studies* 2, no. 4 (2009): 23–35; Joseph A. Whittaker and Beronda L. Montgomery, "Cultivating Institutional Transformation and Sustainable STEM Diversity in Higher Education through Integrative Faculty Development", *Innovative Higher Education* 39, no. 4 (2014): 263–275; Joseph A. Whittaker, Beronda L. Montgomery, and Veronica G. Martinez Acosta, "Retention of Underrepresented Minority Faculty: Strategic Initiatives for Institutional Value Proposition Based on Perspectives from a Range of Academic Institutions", *Journal of Undergraduate Neuroscience Education* 13, no. 3 (2015): A136–A145; Torie Weiston-Serdan, *Critical Mentoring: A Practical Guide* (Sterling, VA: Stylus, 2017).

11. Stephanie M. Reich and Jennifer A. Reich, "Cultural Competence in Interdisciplinary Collaborations: A Method for Respecting Diversity in Research Partnerships", *American Journal of Community Psychology* 38, no. 1 (2006): 51–62.

12. Montgomery, "Academic Leadership."

13. Montgomery, "Mentoring as Environmental Stewardship."

14. Montgomery, "Academic Leadership."

감사의 말

이 책을 식물에 대한 사랑 이야기라고 말하는 것은 이 책이 내게 어떤 의미인지 정확하게 표현하지 못한다. 나는 식물로부터 호혜성에 대해 배운 것을 진심으로 고마워하고 있다. 수십 년에 걸쳐 식물에 관한 지식과 열정, 현재진행형의 관심을 나와 공유해 온 내가 속한 과학계 구성원들에게도 감사하다.

이 프로젝트가 가능할 수 있다는 꿈을 불어넣어준 재니스 오뎃과 훌륭하게 프로젝트 전반을 관리해준 루이스 로빈스의 지칠 줄 모르는 노력을 비롯해 지원을 아끼지 않은 하버드 대학 출판부 편집팀에 고마움을 표하고 싶다.

5장의 일부는 "세 자매와 상호작용적 기능 발달", 〈식물과학 회보〉 63권(2017) 제2호(78-85쪽)에 처음 발표되었다. 6장의 일부는 "결함에서 가능성까지", 〈공공철학 저널1〉 제1호(2018)에 처음 실렸다. 이러한 초기의 원고를 발표할 기회를 준 간행물에 감사의 마음을 전한다.

이 책의 진행 과정은 다양한 글쓰기 공간에서 발견한 경이로운 지지를 통해 날개를 달았는데, 교수진 집필 공간Faculty Writing Spaces과 다양성 연구 네트워크Diversity Research Network의 글쓰기 피정뿐 아니라 재키와 나딘 자매의 살뜰한 보살핌으로 운영되는 이스턴즈 눅Easton's Nook(글쓰기 피정 센터)의 경외심을 불러일으키는 공간과 지지가 도움이 되었다.

항상 나를 응원해 준 가족과 전설에 남을 만한 친구들에게 감사한다. 내 큰언니 르네에게 고마운 마음을 전할 적절한 단어가 있을지 모르겠다. 내가 늘 말했듯 나보다 언니가 먼저 이 지구에 태어난 건 계획에 있던 게 틀림없다. 언니는 일찍이 내 어린 시절의 과학 연구 보조원으로 채용되었다가 바로 해고되었지만, 내 가장 절친한 친구일 뿐 아니라 첫 멘토이자 가장 오랜 멘토로서 줄곧 자리를 지켰다(그리고 대단히 능숙하게 그 역할을 해냈다). 언니는 멘토와 안내자의 역할을 뛰어나게 수행해 왔으며, 그 일이 크고 복잡할 때도 마찬가지였다. 나는 곁에 있어주는 언니와 함께 인생의 거의 모든 도전을 헤치며 걸어왔고 (내 앞에서 지켜주지는 못하더라도), 크게는 언니의 멘토링과 지혜, 끝없는 인내심 덕분에 각각의 도전을 완수했다. 언니는 또 이 책의 집필을 포함해 모든 업적에 늘 함께 참여해 왔다. 언니가 없다면 내 삶도, 이 책도 지금과는 다를 거야!

　　마지막으로 내가 열렬하게 하고 싶었고 또 잘 해내고 싶었던 모든 일 가운데 엄마로서 니콜라스를 돌보는 일은 늘 내게 최우선이자 가장 큰 기쁨이었다! 네게 깃든 모든 좋은 점이 내게는 선물이었다. 네가 아주 멋진 아들이자 총명하고 창의적인 사색가이며 너그럽고 연민 어린 영혼인 것에, 그리고 대담하고 자신감 넘치게 삶을 살아가는 모습으로 내게 끝없는 영감을 주어서 고마워. 니콜라스. 계속 배우고, 계속 나눠주고, 계속 성장하기를!

식물과 관련된 생업에 종사하거나 식물을 연구하는 이들이 아니라면, 대다수 사람에게 식물은 우리 주변에 있는 듯 없는 듯 존재하는 배경에 불과할 것이다. 봄이면 파릇파릇 올라오는 새싹에 감탄하고, 가을이면 색색이 물든 단풍나무 앞에서 사진을 찍으면서도, 사람들은 우리 눈앞에 있는 식물이 얼마나 예민하게 주변 환경을 감지하고 모든 감각을 생존과 번영을 위해 애쓰며 살아가는지 잘 알지 못한다. 그러고 보니 최근 초등학생 딸 아이와 함께 읽은 지구 역사에 관한 책에서도 식물은 바다에 살던 생물 중 가장 먼저 육지로 올라와 자리 잡았다

고 언급될 뿐 거의 처음부터 끝까지 다른 생물들의 배경
으로만 그려져 있었다.

이 책의 저자 베론다 L. 몽고메리는 이렇게 주로 배
경에 머물러 있던 식물에 관한 우리의 무지와 무관심을
일깨우며 식물이 이토록 지구상에서 오래 살아남을 수
있었던 생존 방식과 전략, 특별한 능력을 소개한다.

사실 우리 눈에 비친 식물은 정적이고 수동적인 존
재다. 그저 주어진 자리에서 묵묵히 나고 자라고, 변덕스
러운 기후와 위험한 자연재해 앞에서 속수무책으로 당
하고 있는 듯 보인다. 하지만 저자는 생물학의 다양한 분
야에서 발표된 최신 이론과 실험 결과들을 자세히 소개
하며 식물에 관한 편견을 하나하나 짚어간다.

그중에서도 우리의 편견을 깨뜨리는 인상적인 사실
중 하나는 식물이 감각을 통해 주변 환경을 감지하고 위
험 상황을 판단하면서 그때그때 상황에 맞게 의사 결정
을 내려 각기 다르게 생장하는 방식으로 행동한다는 것
이다. 늘 한자리에 머무는 식물에게 '행동'이란 단어를 사
용하는 것이 생소하게 느껴질 것이다. 하지만 저자가 소
개하는 생물학의 최신 이론에 따르면, 식물은 자신만의
방식으로 행동할 뿐 아니라 주변 식물은 물론 다른 유기

체들과 소통하면서 환경을 변화시키기도 한다. 산불이
나 홍수, 화산 폭발 같은 자연재해뿐 아니라 체르노빌 원
전 사고 같은 인재로 인해 그 주변이 초토화된 상황에서
도 식물은 다시 싹을 틔우고 얼마의 시간이 걸리더라도
또다시 숲을 이룬다. 여기에도 식물의 놀라운 비밀이 숨
어 있는데, 식물도 서로 소통하며 협력한다는 사실이다.

저자는 식물이 서로 협력한다는 사실을 여러 사례를
통해 흥미롭게 풀어낸다. 이웃한 나무들은 잎들이 서로
겹쳐서 빛을 받지 못하는 일이 없도록 조심스럽게 거리
두기를 하고, '세 자매 농법'의 콩과 옥수수, 호박은 호혜
적 관계를 맺어 각자가 가진 능력과 강점을 나누며 함께
성장한다. 자연재해로 초토화된 땅에는 선구 식물이 나
타나 뒤이어 올 다른 식물을 위해 환경을 변화시키고, 나
이 든 식물은 '보모'를 자처하며 어린 식물을 돕는다.

저자는 식물의 이러한 방식과 능력을 새로운 과학적
발견으로 소개하는 데 그치지 않고, 이를 우리 인간의 삶
에 대응해 깊게 숙고하도록 이끌어준다. 즉 연구를 통해
알게 된 새로운 사실과 통찰력을 실험실과 대학의 강의
실에서 논의하는 이론으로 가둬두지 않고 대중과 함께
식물의 지혜를 나누며 우리 삶 속에 적용해보자고 제안

한다. 더 나아가 식물이야말로 우리 인간에게 이 지구상
에서 존속하는 방식을 가르쳐줄 수 있다고 말한다. 즉 식
물이 끊임없이 자신과 주변 환경을 감지하고 성찰하며
성장하듯 우리 인간도 자신의 삶을 더 깊이 들여다보는
것이 얼마나 중요한지 깨달을 수 있다. 그리고 공동체의
일원으로서 나누고 협력하는 삶의 장기적 혜택에 대해
서도 이해할 수 있다. 특히 저자가 강조했듯, 식물이 자
신의 환경을 개선하고 복구하는 방식을 통해 우리도 우
리가 살아가는 세상을 더 나은 방향으로 변화시키는 방
법을 배울 수 있을지 모른다.

     저자는 마지막 장에서 인상 깊은 글귀를 인용하면서
이 책을 통해 전하고 싶었던 메시지를 정리한다. "좋은
선택과 올바른 결정을 내리려는 우리의 능력과 의지는
유전자에 새겨져 있지 않다. 그것은 학습된 기술이고, 식
물은 훌륭한 선생님이 될 수 있다."

     생각해보면 우리 인간의 역사는 때때로 퇴보하는 모
습을 보이기도 한다. 지금 이 순간에도 지구 한편에서는
전쟁이 일어나고 있고, 인간의 탐욕에서 비롯된 것으로
보이는 기후변화로 인한 자연재해와 전염병이 우리의
일상을 순식간에 점령하기도 한다. 그래서일까? 좋은 선

택과 올바른 결정을 내리는 능력과 의지는 우리 인간의
유전자에 없다는 일침이 씁쓸하게 다가온다. 하지만 46
억 년의 지구 역사에서 인간보다 훨씬 일찍 생명의 역사
를 시작해 여전히 건재하고 있는 식물을 보면 조금은 위
로가 된다. 그 긴 시간 동안 혹독한 환경에서도 주변의
자원을 최대한 활용해 독자적으로 성장하고 이웃한 생
명과 협력하며 지금까지 조용히 존재감을 발휘하는 식
물이야말로 저자가 말하듯 어떤 상황에서도 변함없이
우리에게 훌륭한 스승이 되어줄 것 같다.

　이 책을 통해 독자들이 식물에 대한 편견을 깨고 식
물의 굳건한 삶과 지혜에 눈뜰 수 있으면 좋겠다. 그리고
과학을 전공한 이들과 미래의 과학도들에게는 딱딱하
게 느껴지는 과학 이론이 어떻게 우리 삶에 영감을 주는
이야기로 재탄생할 수 있는지 보여주는 책이 되었으면
하는 바람이다.

　식물의 가르침이 봄날의 꽃씨처럼 멀리 날아가 독자
들의 마음에 뿌리내리고 싹틔울 수 있길 바라며.

2022년 4월

정서진

찾아보기